柯立夫　編著

實用咖啡學

THE COMPLETE COFFEE BOOK

東華書局

國家圖書館出版品預行編目資料

實用咖啡學 / 柯立夫編著. -- 1 版. -- 臺北市：臺灣東華, 2016.01

232 面 ; 19x26 公分

ISBN 978-957-483-851-6（平裝）

1. 咖啡

463.845　　　　　　　　　　104028820

實用咖啡學

編 著 者	柯立夫
發 行 人	陳錦煌
出 版 者	臺灣東華書局股份有限公司
地　　址	臺北市重慶南路一段一四七號三樓
電　　話	(02) 2311-4027
傳　　眞	(02) 2311-6615
劃撥帳號	00064813
網　　址	www.tunghua.com.tw
讀者服務	service@tunghua.com.tw
門　　市	臺北市重慶南路一段一四七號一樓
電　　話	(02) 2371-9320

2025 24 23 22 21　HJ 6 5 4 3 2

ISBN　978-957-483-851-6

版權所有 · 翻印必究　　圖片來源：作者提供、www.shutterstock.com

導言

西元 2002~2004 年因緣際會到夏威夷 (Hawaii) 學習種植咖啡並向當地各咖啡莊園請益種植咖啡相關知識及甘苦談。尤其咖啡病蟲害及咖啡果實採收後的發酵處理步驟，深深體會咖啡農的辛苦，並發現咖啡相關知識的奧秘無窮。

2007 年自美國回台灣定居，發現南臺灣到處推廣咖啡的熱潮，但當時咖啡樹大多得到咖啡葉銹病、炭疽病、咖啡果小蠹等病蟲害。加上農委會對於咖啡產業採取三不政策：1.不鼓勵、2.不輔導、3.不禁止。所以咖啡農大多束手無策，以致收成無法達到經濟效益，甚至咖啡豆賣不出去，憂心忡忡。

有鑑於此，特將過去所學的咖啡專業知識以有系統、完整的方式彙編成這本最基礎、淺而易學的「咖啡學」，提供給咖啡業者與學生們參考。同時也引導咖啡愛好者以最輕鬆的心情調製出一杯香濃美味的好咖啡。

很高興東華書局對本書的認知與肯定，願共襄盛舉將本拙作以最專業推薦給社會各界及學生們對咖啡有興趣者能有所幫助，也希望咖啡農能汲汲營營學習，珍惜難得機會亦不失我的初衷。

祝福每一位愛好咖啡的朋友們，尤其咖啡農、準 Barista 們，都能從這本淺而易學的入門書學習咖啡生活的美妙與奧秘，進而提升台灣的咖啡文化。

本書若有疏漏之處，敬請讀者們不吝指教

柯立夫

目錄

第一章　何謂咖啡 ——————————————————1

　　01　咖啡是何種植物？　2
　　02　咖啡樹是怎麼發現的？　3
　　03　咖啡的生產地是何處？　5
　　04　咖啡的傳播及簡史　6

第二章　咖啡樹 ——————————————————9

　　01　咖啡樹品種的種類與特性　10
　　02　咖啡樹的栽種生態環境及其條件　13
　　03　咖啡樹的外觀　15
　　04　咖啡果的構造　17
　　05　咖啡豆之外觀區別　19

第三章　咖啡樹的栽種方法 ——————————————21

　　01　咖啡樹的栽種、施肥與整枝修剪　22
　　02　咖啡樹病蟲害防治　28
　　03　咖啡果實採收及發酵處理技術　37
　　04　咖啡豆的分級　45

第四章　咖啡的產地介紹 ——————————————51

　　01　Blue Mountain 藍山咖啡　53
　　02　Kona 可娜咖啡　54
　　03　Guatemala 瓜地馬拉　55

	04	Brazil 巴西咖啡	56
	05	Columbia 哥倫比亞咖啡	57
	06	Java 爪哇咖啡	58
	07	Mocha 摩卡咖啡	59
	08	Ethopia 衣索比亞咖啡	60
	09	Kenya 肯亞咖啡	61
	10	Costa Rica 哥斯大黎加咖啡	62

第五章　台灣咖啡 ——63

	01	台灣栽培咖啡的沿革	64
	02	台灣咖啡的風味特性	67
	03	台灣咖啡農應有的認知	68
	04	台灣咖啡農未來應努力的方向	69
	05	台灣咖啡農目前最迫切的工作	70

第六章　咖啡豆的儲存與包裝 ——73

	01	生豆的儲存	75
	02	熟豆的儲存	77
	03	生豆的包裝	80
	04	熟豆的包裝	81

第七章　咖啡烘焙 ——85

	01	咖啡豆烘焙的發明	87
	02	烘焙的思維	88

　　　　03　烘焙的基本原理　　89
　　　　04　烘焙的模式　　94
　　　　05　烘焙的方式　　95
　　　　06　烘焙的工具及構造　　96
　　　　07　烘焙的流程　　102
　　　　08　咖啡烘焙程度的分級　　104
　　　　09　咖啡豆烘焙中的質變反應　　110
　　　　10　咖啡豆與烘焙程度的關係　　111

第八章　咖啡的萃取 (沖煮)──────────────113
　　　　01　何謂萃取？何謂「均勻萃取」？　　115
　　　　02　簡介各種沖煮咖啡器具之沿革　　116
　　　　03　沖煮一杯美味咖啡的條件　　118
　　　　04　沖煮咖啡的方式及圖解　　120
　　　　05　咖啡豆的研磨及研磨機介紹　　137
　　　　06　濃縮咖啡的沿革與萃取　　143

第九章　咖啡豆的調配 (混合)──────────────149
　　　　01　咖啡豆的調配定義　　150
　　　　02　調配的基本概念　　151
　　　　03　調配 (混合) 時應注意事項　　152
　　　　04　調配 (混合) 咖啡豆的應用　　153

第十章　咖啡杯測────────────────────155
　　　　01　咖啡杯測原理及方法　　157
　　　　02　SCAA「杯測法」之規約　　160
　　　　03　香味、風味的屬性表現概念　　161

第十一章　咖啡館的經營 ——— 165

- 01　咖啡館的型態　166
- 02　世界著名百年咖啡館簡介　168
- 03　如何開一家成功的精品咖啡館　179
- 04　吧檯師傅應具備的條件　182
- 05　外場服務人員之訓練準則　184

第十二章　熱門議題 ——— 185

- 01　何謂有機咖啡？　186
- 02　何謂遮蔭咖啡？　187
- 03　何謂認證咖啡？　188
- 04　何謂公平貿易？　189
- 05　何謂即溶咖啡及其製造方法？　190
- 06　何謂咖啡因、低咖啡因、低因咖啡？　191

第十三章　咖啡與健康的關係 ——— 193

第十四章　咖啡相關知識 ——— 199

- 01　品嚐咖啡基本字彙　200
- 02　咖啡豆烘焙程度表　202
- 03　咖啡常識　204

第十五章　咖啡美味飲料及糕點 ——— 207

- 01　咖啡飲料之製作　209
- 02　咖啡糕點之製作　215

索引 ——— 223

第一章

何謂咖啡

01　咖啡是何種植物？

咖啡樹是在熱帶自生或栽種而屬於茜草科 (Rubiaceae) 的常綠灌木。所謂熱帶，是指在緯度南北 23.5 度的北回歸線與南回歸線之間的地區，因而此地域常被稱為「咖啡帶 (Coffee Belt)」。

咖啡果實從綠色未熟的狀態漸漸變色 (由綠轉黃)。成熟時，呈現鮮豔的紅色，但太過成熟就會變為黑色。咖啡豆經過發酵處理後，而未經烘焙者叫生豆 (Green Bean)，如經過高溫烘焙就叫熟豆 (Roast Bean)，但此「豆」不是「豆科」的豆，而是茜草科植物的果實之種子。

右圖為咖啡樹從開花到果實成熟的過程（左上：開花、左下：結果、右上：果實陸續由綠轉黃再變紅、右下：紅熟的果實）

02　咖啡樹是怎麼發現的？

由於咖啡的歷史久遠，到目前為止並無專家敢確定，究竟是由何方神聖所發現？但有一個最常被提及的說法是：大概在西元七世紀左右，東非衣索比亞的高原上，以放牧為生的阿拉伯人。其中有一位牧羊童正準備要趕著他的羊群回家時，遠遠地見到大多數的羊兒都聚集在一起，個個像著了魔似的，一會兒到處亂跳，一會兒又不斷互相磨角、高聲嘶鳴。

接著一連幾天，情形都如此。牧羊童 (Kaldi) 終於忍不住好奇心，要查一個

清楚，便耐心地跟羊兒到處走。最後，牧羊童發現羊兒總會群聚在一處灌木叢裡，嚼食一種如櫻桃般的紅色果實。而在食用之後，便又叫又跳，活力旺盛。牧羊童覺得不可思議，一個小小的紅色果實竟然有如此的魔力。於是自己也吃了一些，沒多久便感覺精力充沛，簡直判若兩人。因此，飛奔著回去，告訴首領們這種神奇植物。

　　首領們便令人把這種漿果收集起來，並製成了一種泡製劑，供族人們喝了之後，在晚間祈禱時能保持清醒，他們並為它取名為 Qahwa (為植物飲料一種)。

　　如前所述，人類是如何發現第一棵咖啡樹，由於年代已十分久遠，早已無法考據。上面這個故事，不過是流傳最廣的一種說法而已，是否屬實，有待考古學界的考究與發現。

03　咖啡的生產地是何處？

咖啡的原產地，毫無懷疑是在非洲。特別在衣索比亞 (Ethopia) 的高原裡，有好多未被發現的野生咖啡樹種。至於主要生產地區，目前是在中美、南美、東非、西非、加勒比海、亞洲、大洋洲等國。也皆位在南北緯 23.5 度的咖啡帶內。所以，一年之中到處總有某些地方在栽種、採收。海拔落差大的產地，因為有氣溫差，所以從溫暖的低地開始採收。南北較長的產地，在北半球就從南部開始採收，在南半球就從北部開始採收。六月在巴西、東帝汶等地就開始採收；哥倫比亞、坦尚尼亞則在十一月，其後是肯亞。

世界咖啡生產地域圖

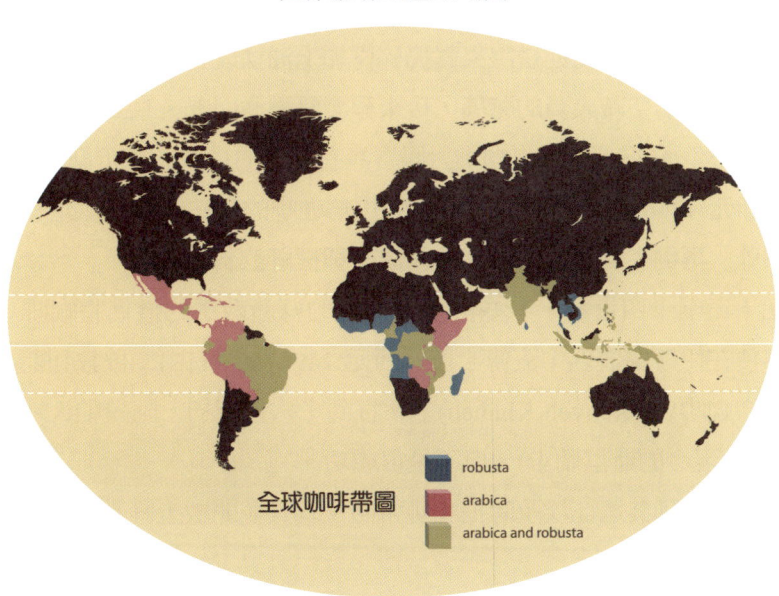

全球咖啡帶

04　咖啡的傳播及簡史

咖啡自從被發現之後，由於它的神奇效用，慢慢地便在衣索比亞盛行起來。後來，甚至變成衣索比亞軍人提神的必備聖品。

當西元七世紀衣索比亞統治葉門的時候，咖啡自然也隨著軍隊被引進了葉門。由於葉門的地理位置緊鄰衣索比亞，天然條件十分適合咖啡樹的栽植，再加上咖啡日漸受到歡迎，更開啟了葉門較具規模的咖啡種植業。基於經濟上的利益，葉門的摩卡港更成立了咖啡業的組織來管理各種咖啡出口的相關事宜。

後來，樹苗被帶進歐洲，成為商業上有用的植物，而由荷蘭、法國、英國等國把它種植到殖民地。

自從西元七世紀時被衣索比亞牧羊童發現紅色果實的咖啡樹，阿拉伯人發現咖啡喝了可使人興奮。初期是將果實搗碎再加上油揉成丸子後食用，因有消解睏倦的效果，而成為聖職人員的祕藥，後來經發酵釀酒而喝。直到十一世紀才被義大利著名的醫生 Avicenna 提出咖啡對腸胃具有某種的功效，並可抑制胃酸。

到了西元 1260 年，伊斯蘭教徒發明烘焙咖啡的方法，而將烘焙後的豆子在石鉢中碾碎，再倒入開水中煮熟，被當成一種提神飲料。

西元十三至十四世紀，一些去麥加朝聖的蘇菲教派的僧侶將咖啡豆帶回故鄉，咖啡便在伊斯蘭僧侶中流傳。並於西元 1495 年左右由二位敘利亞人至麥加開設「卡奈咖啡店 (Kahveh Khaneh)」。直到十六世紀初，阿拉伯人才把咖啡樹移植到錫蘭(現今的斯里蘭卡)，但不是很成功。

當鄂圖曼土耳其遠征埃及時把咖啡帶回土耳其並開啟土耳其人飲用咖啡的習慣。

十七世紀初 (1619 年)，土耳其攻打維也納，隨軍帶著大量的咖啡豆以供兵

士們飲用。當土耳其軍隊最後不敵敗走，也同時留下了大批的咖啡豆，慢慢地維也納當地人也學會了烹煮咖啡的方法。因此，於西元 1683 年在維也納開了第一家咖啡館。

到了西元 1658 年荷蘭人在錫蘭大量人工栽種咖啡樹，並於 1696 年把咖啡苗，從印度的邁索爾市種植到爪哇島，但被洪水全部沖毀。1699 年荷蘭人重新在爪哇島種植咖啡，是荷屬印度群島 (現今印尼) 阿拉比卡種 (Arabica) 的祖先。

十八世紀初，法國海軍軍官 Gabreil de Clieu 將葉門摩卡咖啡樹苗 (Typica 品種) 帶到印度洋上的波旁 (Bourbon) 島上〔現今的留尼旺 (Reunion) 島〕。但咖啡樹因土壤、氣候的關係而產生變種，雖然是波旁 (Bourbon) 品種，其產量比鐵畢卡 (Typica) 品種多出 20%~30%，且抗病蟲害較強。

到了西元 1727 年，咖啡樹才由葡萄牙人在巴西種植。巴西並於西元 1850 年超越當時爪哇的生產量，成為世界產量最多的國家至今，約占全世界的 30%。到了西元 1730 年英國從馬丁尼島將咖啡苗帶入牙買加，並推廣到巴西之外的墨西哥、委內瑞拉等中南美國家及加勒比海的島嶼。經過多年的推廣與種植，目前全世界約有六十個國家與地區種植咖啡，每年總產量有一億二千萬袋至一億五千萬袋之 60 公斤裝的咖啡生豆。

第二章

咖啡樹

01　咖啡樹品種的種類與特性

從植物學的角度來看，咖啡樹是一種常綠灌木，在生物分類法是屬於「茜草科」裡的「咖啡屬」。在「咖啡屬」的底下還有許多不同的咖啡種，約有 73 種，但只有 Coffea Arabica 和 Coffea Canephora (Robusta) 兩種具有經濟價值，其餘 71 種全是野生的，不具經濟價值。本來咖啡有三大原生種，但因 Liberica 香氣不佳，苦味強，不受消費者青睞，只有少數人飲用，且多為野生品種，沒有經濟價值。

Arabica 咖啡與 Robusta 咖啡的區別如下表：

	Arabica 咖啡	**Robusta 咖啡**
品種出現年代	1753 年	1895 年
樹高	6~8 米 (m)	10 米 (m) 以上
葉片外觀	葉尖銳，葉緣波浪狀，主脈隆起	葉尖鈍，葉緣波浪較不明顯
花	花香清淡，花徑 3 公分，花冠 5 裂，2~10 朵簇生。	花香濃烈，花徑 2.0~2.5 公分，花冠 5 裂，有時 6 裂。
果實	果實長 1.2~1.5 公分 重約 1.5~2.5 公克 橢圓形	果實較小較圓，長約 1.0~1.2 公分。 重約 1.2~2.0 公克
最佳生長地	海拔 1,000~2,000 米 (m)	海拔 0~700 米 (m)
基因	44 個染色體	22 個染色體
受精方式	自花受粉	異花受粉
含銅情況	無	有 (可抗病)
咖啡因含量	0.6%~1.8%	1.6%~4.2%

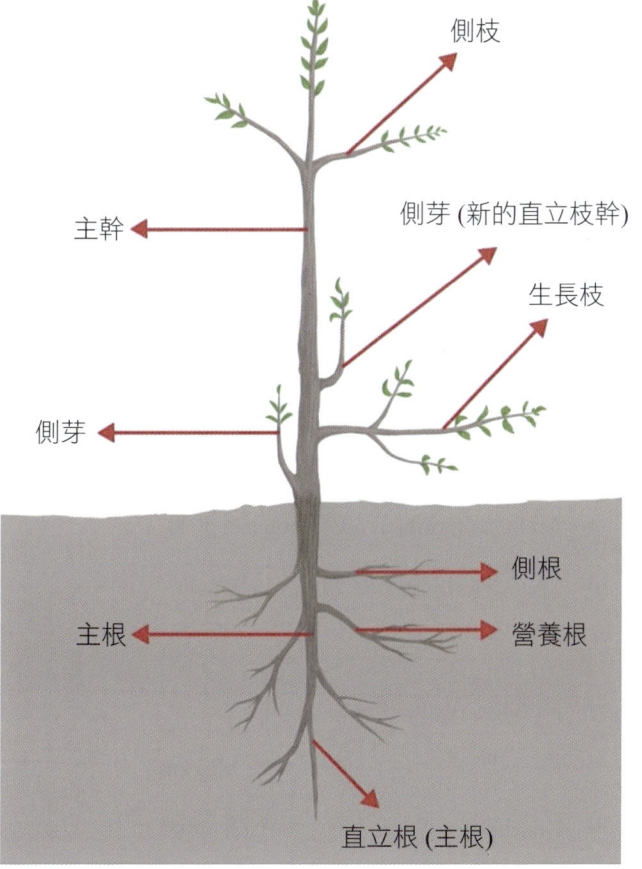

咖啡樹生態圖

　　人類種植 Arabica 咖啡樹已超過 700 多年的歷史，在這過程中又發展出 40 多個新品種，但它們的祖先皆出自鐵畢卡 (Typica) 與波旁 (Bourbon) 二個品種：

1. 鐵畢卡品種－是衣索比亞最古老的原生種咖啡，也是後來很多新品種衍生出來的根基。早期荷蘭人帶 Arabica 咖啡樹在歐洲的溫室裡培育，並將它傳播至亞洲、中南美洲等地。
2. 波旁品種－十八世紀時，法國海軍軍官 Gabreil de Clieu 將葉門摩卡樹苗種在印度洋的波旁島上 (現今叫留尼旺島)，因土壤、氣候的關係發生變種，豆子形狀彎曲顆粒較小，但產量多出 20%~30%，且風味較佳，對葉鏽病的抵抗力優於鐵畢卡品種。

另外 Arabica 又有三個主要品種：

A. 卡杜拉種 (Caturra) 在巴西發現，是 Bourbon 的突變種，目前世界上種得最多的品種，產能與抗病力均比 Bourbon 佳。
B. 卡帝莫種 (Catimor) 是 1959 年葡萄牙人將 Caturra 與 Timor 品種的雜交種，抗病力強，耐旱、產量多。
C. 蒙多諾種 (Mundo Novo) 是在巴西發現的鐵畢卡 (Typica) 的突變種，果實較大產量低，但較耐病害。

關於品種的正確分類不明之處還很多，以下是阿拉比卡豆 (Arabica) 與羅布斯塔豆 (Robusta) 混交簡圖：

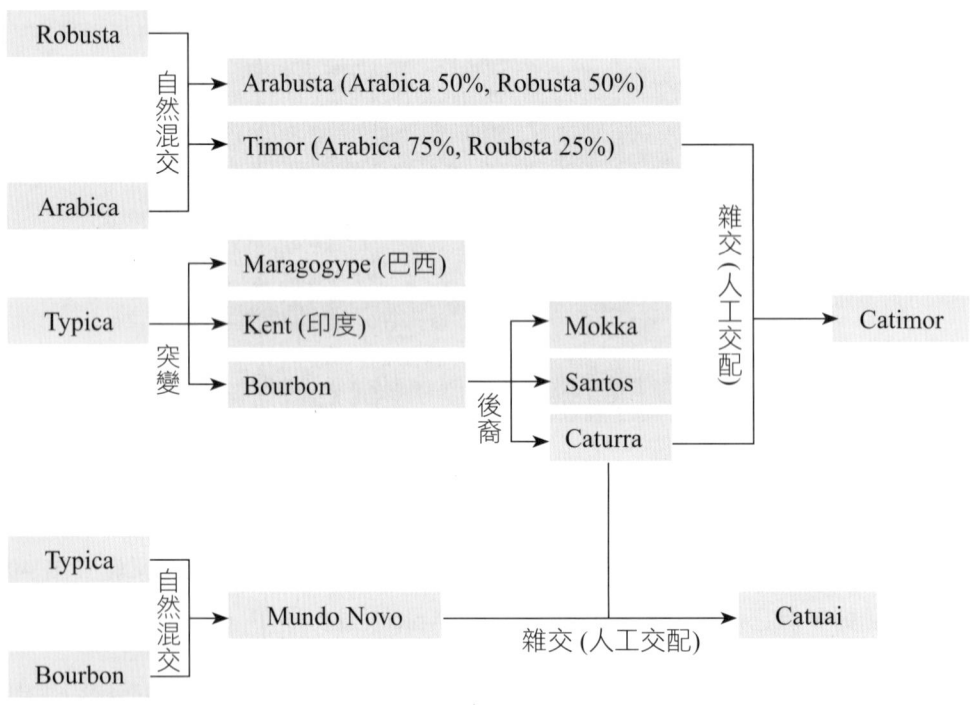

Robusta 咖啡樹的發現較 Arabica 咖啡樹晚了 100 多年。在 1857 年兩名英國探險家－Richard Burton 與 John Speaker 溯尼羅河而上，為了尋找河的源頭，在烏干達境內意外發現咖啡新品種。但不知屬於何種品種，於 1895 年被一家比利時的公司先以「Robusta」為名來銷售此新品種咖啡。因其產量、抗病蟲害能力皆比 Arabica 強，因此，許多咖啡農相繼栽種此新品種，尤其亞洲的越南、印尼及印度。但品質、風味差且咖啡因含量非常高，不適合當單品咖啡喝，所以不為市場所接受，只能賤賣給食品大廠或當即溶咖啡與三合一咖啡的原料。

02　咖啡樹的栽種生態環境及其條件

咖啡生理學

　　由於咖啡樹是一種灌木，樹高一般卻不會太高，為了採收方便，都將咖啡樹維持至一米八以下。從外觀看 (如第 11 頁咖啡樹生態圖)，咖啡樹分為直立幹及橫向側枝。其主幹上的每一個節點都會長出新芽，如果新芽從上發展，則成新的「直立幹」，如果新芽往橫向發展，則會對生「側枝」。側枝多為直立幹、主幹上的第二次分枝，則對生成水平張開而微下垂。

　　橫向側枝，我們稱為「結果枝」。花開在橫向側枝的節點上，每一節點約可開 15~40 朵花，而且分三～五次開花。直立幹不會開花結果。

　　咖啡樹一年開三～五次花，但在較潮濕地區會開六～七次花。正常每棵樹會開 25,000~30,000 朵花，有茉莉香的白花，在 24~48 小時後結果。結果後六～八個月後，果實變成淺黃色，然後成熟變成櫻桃紅色，所以其果實也俗稱咖啡櫻桃 (Coffee Cherry)。

白色咖啡花

栽種環境

1. 地理環境：咖啡樹是

一種常綠灌木,適合生長在熱帶與亞熱帶氣候區,也是位於南北回歸線之間,即南北緯 23.5 度之間,故有「咖啡帶 (Coffee Belt)」之稱。
2. 氣候:陽光 (日照) 充足,但屬半日照為佳。
3. 水源:雨量豐沛,最好是瀑布或山泉水。
4. 人工:勞動工人多且工資較低區。
5. 土壤:排水性好的土質。

栽植咖啡樹的基本條件

1. 年平均雨量 1,500~2,200 毫米。
2. 光照為 45,000~50,000 呎燭光 / 日。
3. 土壤酸鹼值 (pH 值) 為 5.5~6.5 最好。
4. 平均溫度 20℃~25℃,不低於 5℃,不高於 32℃ 且日夜溫差 6℃~10℃ 最好。
5. 風速限制每小時 25 英哩。
6. 栽植高度:
   熱帶區海拔 1,500~2,000 公尺;
   亞熱帶區海拔 300~1,200 公尺 (600~800 公尺最佳)。
7. 正確及適量的施肥。
8. 正確的整枝修剪。
9. 水質要低鹽分,pH 值 5.5~7.0。
10. 補充微量元素,尤其鋅、鎂、鈣、硼。

03 咖啡樹的外觀

由於咖啡樹是一種灌木，樹高一般都不會太高，因此它看起來並沒有喬木那般地雄偉(那些國內知名的神木都是屬於喬木，才有辦法長得那麼高大)。

我們曾看過較早時期咖啡採收的老照片，也許有時會發覺，採收的工人還得架把梯子在咖啡樹上來進行採收，由此可見樹身的高度也不算太矮。

近年來隨著咖啡種植技術的改進，為了採收的經濟性，咖啡樹大都維持在二

咖啡樹

公尺以內的高度。而一旦其產量或品質不符經濟效益，便遭砍伐整地，以使土地休養生息，幾年過後，再行施種新株。

因此，在人工種植的咖啡園，咖啡樹並沒有太大的機會可以盡情地長到多高大；這也是一般照片中咖啡園裡的咖啡樹，總是不會太高大的主要原因。

人工栽植總有經濟考量的一面，但野生的咖啡樹可就沒有這個限制了。在自然環境適合的地區，都可見到樹身五、六公尺的咖啡樹。甚至也有咖啡專書的作者曾指出，在國內雲林的古坑鄉，就有樹高目視約九公尺左右的巨型羅布斯塔咖啡樹。

至於其他有關咖啡樹的一些細節，包括其花朵的形式、葉子的特徵……等等，我們並不打算在此花太多的筆墨來向大家詳細形容。如果大家有需要，坊間許多咖啡相關的書籍都找得到，可以自行參考。但所謂「百聞不如一見」，建議大家要看看咖啡樹長個什麼樣，不用出國，就近在國內幾處種植咖啡的地區看看，也許勝過筆者在此用文字描述了老半天。

04 咖啡果的構造

咖啡果實不大，如同小一號的櫻桃，形狀為長橢圓形約長 1.2~1.5 公分，果實重約 2 公克。整個果實剖開來，會有一層不算太厚的果肉，嚐起來酸中帶甜。除了果肉之外，大部分空間主要包藏兩顆扁平的種子且扁平面緊靠一起，但有時也會有例外，只有一顆橢圓形豆子 (因胚胎未完全分裂)，這種特殊的豆子，稱為圓豆 (Peaberry)。

熟成紅色果實 (Coffee Cherry)

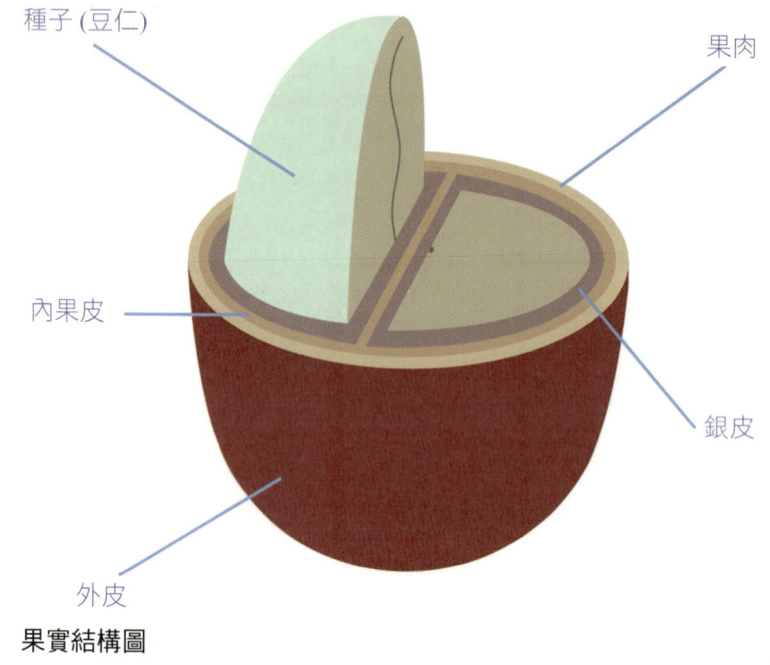

果實結構圖

　　種子在經過若干程序的處理後，便是我們平常所謂的咖啡生豆。生豆其周圍以所謂銀皮 (Silver Skin) 的薄膜與所謂內果皮 (Parchment) 的硬淺褐色皮覆蓋著。當內果皮沒有去掉，是為種子。

05　咖啡豆之外觀區別

就咖啡豆的形狀來看，阿拉比卡豆 (Arabica) 與羅布斯塔豆 (Robusta) 這兩種豆子在外型上還是有些不同的。

阿拉比卡豆

羅布斯塔豆

1. 若以整顆咖啡豆來看，大體上「羅布斯塔豆」的外型都較短、較胖，一顆顆看起來像半圓球形；而「阿拉比卡豆」外型則長了一些，看起來有點像是被切了一半的橢圓形。
2. 一般「阿拉比卡豆」中央線 (Center Cut) 會有接近 S 形的彎曲，而「羅布斯塔豆」的中央線則接近於直線 (這一點在生豆的狀態下較為明顯，一旦烘焙成熟豆之後，就比較看不出來了)。

第三章

咖啡樹的栽種方法

01　咖啡樹的栽種、施肥與整枝修剪

要栽植咖啡樹、必須確實從以下各步驟來進行：

A. 育苗

1. 咖啡種子的篩選：育苗用的種子，應在採收末期從完全成熟果實中選擇，越新鮮越好。因儲藏超過六個月以上者，發芽力逐漸減弱。種子外表如有缺陷、腐爛、酸化、蟲蛀或黑斑者，不能採用。

2. 育苗種子之前置處理：將種子以漂白水與水之比例 1：1000 浸泡一天，以防被微生物感染可以增加發芽率。

3. 育苗工作：在取水方便、排水又好的場地，將土壤堆高作成苗圃，而將浸泡後的種子埋進 1~2 公分深之土壤，並覆蓋乾稻草保濕或用小的苗格來培育。約 45~60 天左右發芽，再過 30 天左右，新芽長高 15~20 公分。

4. 移植到沃土包：將幼苗已長高 15~20 公分左右植入培養土包中 (是為假植)。但植入前需先篩選新幼苗之垂直樹根。60 天後，樹苗可長高約 50~60 公分。

5. 定植：當幼苗長高至 60 公分時，就可移植到要栽種地區。最佳定植期為每年十～十二月或二～三月，定植後 45~60 天，樹苗高 80 公分以上，定植之株距九英呎，行距 12 英呎為最佳。

1. 播種至長成幼苗 (約 60 天)

2. 將幼苗植入培養土包中

3. 再經過 30 天後樹苗長高約 20 公分

4. 再過 45 天後樹苗高約 50 公分

5. 定植後 45~60 天樹苗高為 80 公分以上

6. 再過 6 個月後樹高約 130 公分

7. 定植後二年樹高約 2 公尺，(圖為 Kona) 並進入開花結果期。

8. 開花 (第三年)

9. 結果

B. 整枝與修剪

　　整枝－咖啡樹於第七～八年必須進行枝條更新、整枝修剪，則可維持其優良樹勢。並以分年輪流更新較佳，可保持咖啡農每年可採收果實。老樹 (超過 15 年) 或結果率降低的咖啡樹，可以將咖啡樹由距離地面 45 公分左右處將樹幹以 15 度斜切鋸斷，並在切面塗上白膠以防流失水分，再施肥誘使重新長出枝條。

　　修剪－修剪工作非常重要。咖啡在種植二～三年，為了方便採收及栽培管

理，必須將主幹修剪至 180 公分左右，且要將主幹離地 60 公分之側枝除清。枝條有直立與側生兩種，直立枝條修剪後生長的側枝會較強健。將太密集或相交叉之側枝、不良之弱枝去除及剪除第一側枝近主幹 20 公分至 25 公分之第二側枝。新的直立枝只保留二～三枝就可。在果實採收後要馬上進行。

C. 施肥

植物的生育所必要的養分是氮、磷、鉀，此稱為肥料的三要素。

1. 為何要施肥

施肥對咖啡樹的成長有絕對的重要與影響。氮肥會影響葉、枝、樹幹及根的發育而支配收獲量。磷肥是根、樹幹、花蕊所必須，尤其是在幼木及開花前或果實初期所必須。鉀肥則對果實 (Coffee Cherry) 的生育很重要。

適當合宜的「肥培設計」可提升咖啡的品質及產量，進而減少肥料、農藥的施用，同時可避免土壤肥力的衰退及對環境的污染。

2. 何謂「肥培設計」？

就是利用少量及容易吸收原則而設計，讓所施用之肥料達成最高效率的產量及品質的肥培管理方式稱之。

簡單的說①針對作物之營養生長及生殖生長不同需求施肥。②依氣候、季節、生長過程之變化等因素而設計施肥計畫。

3. 肥料之選擇

肥料的種類五花八門，有化學肥料、有機肥料、綜合性肥料、速效性肥料、微量元素肥料……等。所以在選擇肥料之前必須要先瞭解其性質，何種肥料最能達成高產量及高品質，在適時、適量、適性地補充作物所不足的營養要素。

4. 施肥技術

咖啡樹的栽種受土壤質地及土壤酸鹼值影響很大，所以必須要先對土壤進行採樣、檢測其 pH 值是否介於 5.5~6.5 之間。如果 pH 過低 (酸性)，則容易發生褐根病等病害。

氣候對作物的影響相當大；咖啡樹屬半日照的植物，其光合作用之速率在半日照的條件下較全日照佳。一般來說，在高溫、高日照下，氮素的吸收利用特別

圖為正值開花期的咖啡樹

快,所以新生枝葉茂盛。反之,應加強氮肥、磷肥的施用。

　　咖啡樹的生命力很強,所以一般只要每年施二次肥料再補充一次微量元素肥料即可。原則上在咖啡果實採收後,施用第一次肥料 (約二月間),在開花結果後再施用第二次肥料,約於五〜六月間施用。

5. 三要素的施用量

　　一般而論,幼齡咖啡苗及三年生以下之咖啡樹,每年每公頃 (約 880 株) 應施 N 25 kg、P 20 kg、K 15kg。

　　長成四〜六年生,應施 N 40 kg、P 50 kg、K 50 kg。

　　七至十三年生,應施 N 60 kg、P 70 kg、K 70 kg 為宜。十四年生以上咖啡樹之生產力已衰退,不合經濟價值,應更換新品種,或整株修剪。

　　三要素 (N、P、K) 對咖啡樹之效應:

(1) 缺氮時,葉基部呈淡黃色,漸由葉緣擴至全葉而影響開花、結果。

(2) 缺磷時,葉面呈黃銅色,葉緣頹壞會影響咖啡果之形成。

(3) 缺鉀時,葉的邊緣呈褐色斑點,而後漸延伸至中央部,終則乾枯脫落,雖然開花正常,但結果不佳。

　　此外,應依據氣候變化而給予不同的用量。如遇高溫、高日照時,應減少氮肥並增鉀肥;如果低溫低日照時,應增加氮肥並減少鉀肥。

6. 施肥時間

咖啡樹對養分之吸收與雨量之盛枯有關，故施肥之時間點在雨季為宜。

氮肥：應於雨季開始前二～三星期內施用。

磷肥：於開花前施用。

鉀肥：於開花後結果前施用。因咖啡之形成需大量鉀肥。

7. 施肥位置

成熟之咖啡樹 (五年以上) 75%~90% 之根均分布在表土 50 cm 內，其分布範圍在離樹幹 100 cm (1 公尺) 以內，故施肥應施加於咖啡樹幹下附近周圍，效果較佳。

8. 微量元素的重要性

缺鈣時，葉緣及主脈間之葉綠素衰退，漸成金黃色，造成花及果實形成顯著減少。嚴重時，其所結之果仁 (咖啡豆) 不扎實。

缺鎂時，葉緣及葉尖呈現頹壞之斑點，更甚時，各斑點連結成面，終至脫落，減少開花。

缺鋅時，因鋅是能促進植物的賀爾蒙生長，如果缺鋅則咖啡樹枝生長不健全，開花也不健全。

02　咖啡樹病蟲害防治

咖啡樹無論種在那一個國家或地區,皆與人類一樣也會生病;有病菌感染及蟲害的侵襲。所以我們要先瞭解咖啡樹的主要病害與蟲害因素,並做有效的防治工作,以降低損害程度。

咖啡樹常見的病害有葉銹病、炭疽病、褐眼病 3 種。

1. 葉銹病 (Leaf Rust)

在西元 1861 年被發現於東非維多利亞湖附近的野生咖啡園。但於 1869 年後,斯里蘭卡全國咖啡園皆發生此病菌並摧毀了咖啡產業而改種茶。該次咖啡葉銹病極為猛烈,曾蔓延擴散到南洋、菲律賓、亞洲地帶而讓 Arabica 種咖啡的栽植,陷入全滅的狀態。

西元 1970 年葉銹病菌傳播至南美的巴西再傳到全中南美洲各產咖啡國,使咖啡產量銳減 70%,因此價格上漲數倍。

(1) 病徵－是真菌性病害的一種。發病初期,發生在植株較低位葉片,其「上葉表」可見淡黃色小斑點,葉子背面會有凸起之淺黃色粉末小斑點狀物,且有橘黃色孢子堆,自氣孔長出。後期病斑中心之斑點連結成一大區塊,漸漸乾枯成褐色,會引起落葉導致整株枯死,俗稱咖啡「黑死病」。

(2) 發病生態－病原菌性喜濕涼,尤其在春秋兩季。其孢子發芽最適宜溫度為 20℃~25℃自下葉表氣孔侵入,以菌絲方式活存於咖啡活細胞中。

(3) 防治－a. 選擇日照良好的栽植地。

葉銹病初期病徵 (農試所嘉義分所提供)　　咖啡葉銹病植植株 (農試所嘉義分所提供)

    b. 寬敞且標準株距、行距栽植。
    c. 適當的修剪且勵行清園工作。
    d. 有效控制雜草。

2. 炭疽病 (Coffee Berry Disease)

  西元 1922 年在肯亞發現。也是真菌性病害的一種，但可耐高溫，可達 30℃~32℃。一般會感染青果實而造成褐色凹陷斑，表面會有淺粉紅色孢子，甚而感染枝葉，造成枝條黑枯掉、果實腐爛、掉落，俗稱「果腐病」。但是台灣尚未有炭疽病 (C.B.D.) 之紀錄。台灣之炭疽病菌只會在果實紅熟後造成果實腐爛，或者因為日曬傷而引起青果發病，對產量影響不大。

(1) 病徵－初期病徵，果實表面有小水浸狀斑，但立即轉為褐色且下凹的「大型斑」(如下頁圖)。在潮濕下病斑出現粉紅色孢子堆。
(2) 發病生態－本病具潛伏感染現象，在花期到結果期侵入，直到果實有傷口或紅熟才會發病。「分生孢子」主要藉由水分傳播，因「分生孢子」發芽需要 6~12 小時的水分。

(3) 防治－ a. 定期剪除病枝、弱枝增加通風性並降低水分殘留時間。
　　　　　b. 混植果樹或間作 (種植遮陰樹) 可降低炭疽病的發生。
　　　　　c. 日照適當可減少水分停留時間而減少炭疽病發生。

炭疽病之咖啡植株 (農試所嘉義分所提供)

炭疽病之咖啡果實 (農試所嘉義分所提供)

3. 褐眼病

　　是真菌性病害的一種，由 Cercospora coffeicola 引起，除了葉片，果實也會受害，台灣咖啡園皆可發現。

(1) 病徵－初期葉片出現淺黃色圓斑點後轉為褐色。圓斑外緣較深，且病斑中央變白 (如下圖)。中期，病斑擴大相互癒合成不整形狀，病葉片如火燒，會落葉且未成熟果實出現褐色凹陷病斑，有紅色外圈。

(2) 發病生態－最容易發病溫度為 20°C~28°C 且土壤過濕，遮蔭過度、通風不佳或缺少氮肥及鉀肥也會增加罹病機會。

(3) 防治－a. 選擇排水通風良好園地並定期修剪病枝。
　　　　　b. 徹低清除病果及病葉。
　　　　　c. 適當合理增加氮肥及鉀肥。

褐眼病病徵 (農試所嘉義分所提供)

咖啡樹常見的蟲害，主要是咖啡木蠹蛾、咖啡果小蠹、介殼蟲及東方果實蠅等。

1. 咖啡木蠹蛾 (Coffee Borer)

雌蟲會將卵產於葉柄基部或枝幹表面隙縫間。甫孵化之幼蟲自幼嫩枝條或腋芽鑽入，後沿木質部周圍蛀食，沿髓部向上蛀食，形成隧道，造成枝條上部枯萎。幼蟲老熟後於內部化蛹於食孔中。

防治－發現被害枝條即予剪除並燒毀為最根本防治。

咖啡木蠹蛾之幼蟲 (臺南區農業改良場提供)

咖啡木蠹蛾之成蟲 (臺南區農業改良場提供)

2. 咖啡果小蠹 (Coffee Berry Borer)

又名鑽果蟲。是目前咖啡果實最嚴重的蟲害，幾乎全世界每個生產咖啡國家皆不能幸免，主要危害成熟果實及生豆。

最早記載於西元 1867 年，由 Ferrari 船輸往法國的咖啡生豆中發現，並於 1901 年及 1903 年相繼於非洲被發現。大多隨生豆買賣傳播。目前台灣各地產區皆受害，也束手無策，是非常不容易防治的害蟲。雌蟲於咖啡果實臍部鑽食一個與體型相當的小圓孔進入果實內部產卵 (如右頁圖)。卵孵化後的幼蟲，以果實為食，尤其內部的胚，造成果仁布滿蛀孔 (如右頁圖)，影響品質喪失商品價值。此蟲害不借助空氣的傳播，且海拔高度 1,000 公尺以下較為普遍，1,500 公尺以上就很少。

防治－a. 清除被害果實並燒毀。

　　　b. 使用咖啡果小蠹誘殺器，可進行監測並大量誘殺。

咖啡果小蠹與被害的果實 (臺南區農業改良場提供)

受咖啡果小蠹為害之帶殼生豆 (臺南區農業改良場提供)

咖啡果小蠹誘殺器 (臺南區農業改良場提供)

3. 介殼蟲 (Scale Insect)

咖啡的介殼蟲主要有綠介殼蟲 (Green Coffee Scale) 與粉介殼蟲 (Coffee Mealybug)。介殼蟲以口器刺吸植物組織吸食汁液。如布滿葉片及枝條，於吸食汁液後會分泌蜜露，誘發煤病，阻礙光合作用。

介殼蟲 (農試所嘉義分所提供)

於咖啡葉上為害的介殼蟲 (臺南區農業改良場提供)

粉介殼蟲之蟲體 (臺南區農業改良場提供)

管理方法－清除並撤離覆蓋介殼蟲之枝條及果實,並以礦物油全園噴灑可以降低隔年存活的蟲原。

4. **東方果實蠅** (Oriental Fruit Fly)

是果樹的重要害蟲,在咖啡果實由綠轉黃色,約六、七分成熟時便會來。雌蟲將卵產於果實內,幼蟲蛀食果肉,造成果實腐爛掉落。

管理方法－被害果實或脫粒後的果肉,先浸水 24 小時使幼蟲死亡後再丟棄。或於咖啡園之外圍樹蔭處懸掛含毒甲基丁香油誘殺雄蟲。

正在咖啡果實上為害的東方果實蠅 (臺南區農業改良場提供)

03 咖啡果實採收及發酵處理技術

咖啡的採收

當咖啡樹的枝條上結著滿滿的紅色果實,咖啡農便得採收了。咖啡果實的採收方式不但關係到生產成本,也會對咖啡豆的品質造成一定程度的影響。因此,每個咖啡莊園都會依不同的考量,有不同採收方式。

紅熟的果實 (Coffee Cherry)

紅熟的果實 (Coffee Cherry)

水洗發酵後去除果肉 　　　　　　去除果肉後的果仁 (Parchment)

曬乾果仁　　　　　　　　　　　　　乾果仁脫殼後，即為市面上常見的生豆。

一般採收果實大致分為以下四種方式：

1. 機器採收 (harvester machine) － 在大農場使用專業機器來採收，不分紅綠果實全部採收下來。其特色為人工成本低廉，品質良莠不齊，故多用於價格低廉的咖啡豆，如巴西平地大面積農場。

2. 搖樹法 (vibrator)－非洲多數農場採用此法。在搖樹前，先在咖啡樹下之地面上鋪上一張塑膠布或網，用雙手將果樹大力搖動使成熟果實落下。但許多過熟、乾枯果或腐壞的果實也一併採收，品質當然也受影響。

3. 搓枝法 (stripping)－此方法叫「刷落法」。中南美洲大部採用此法。其前題是咖啡樹不能長得太高約在一米八以下最好。採收工人用左手將結果枝拉直，右手指沿樹枝由下往上搓，不管成熟、未成熟或瑕疵果實一併搓下，品質亦受影響。

4. 人工手摘法 (hand pick)－這是人工一粒一粒只摘取紅熟透果實，所以一株咖啡樹都得分四～六次才能採收完畢。此法較費工，所需的採收時間和人力都加重了成本的負擔，所以一般採用此法採收的咖啡豆，都屬等級較高的種類，當然咖啡豆的售價也較高，亦是精品咖啡要求條件之一。如牙買加藍山或夏威夷 Kona 咖啡皆採用此法。

當然，在搖樹法與搓枝法也有比較精緻的作法。就是採收回來的果實，有經過揀選之後再作發酵處理，其品質也就會提升，達到精品咖啡的條件了。

咖啡果實採收後的加工處理

採收完的咖啡果實必需盡快做處理，否則容易腐壞發酵，進而影響咖啡豆的味道。

這個處理過程也叫做「發酵處理」。這是相當專業的過程，不同的處理方式會對咖啡豆的風味產生不同的影響。目前世界各國皆採用以下三種不同的處理方法：日曬法 (Sun Dry)、水洗法 (Washing 或 Wet Processing) 及半水洗法 (Semi-Wash)。

1. 日曬法的處理程序

使用自然陽光來乾燥咖啡的果實。畢竟日光是免費的，況且咖啡產品多在赤道附近，陽光十分充足，因此早期的咖啡生豆處理，幾乎都採用此法。

(1) 篩選果實－這個步驟是要剔除掉一些不好的果實，以免那些過熟或未熟的果實壞了整批豆子的品質。其方法將採收下來的果實放入注滿水的水槽裡，未成熟或瑕疵果實會浮上水面，全部剔除掉後，留下沈下水面的果實。

(2) 乾燥果實－此步驟便是與水洗法最大的差別所在。將篩選後之果實 (沈下之果實) 鋪在廣場上，直接曝曬於日光中約 7~14 天左右，乾燥期間須上下翻動，直到果實變成深褐色或黑色，果皮皺而易碎，使含水率為 12%~13%。乾燥期間晚上須加以覆蓋，防露水、雨水。

(3) 脫殼－主要是把果實裡的咖啡豆取出。由於經過充分乾燥之後的果實，其果皮和果肉都變得易碎。所以再用脫殼機去除果肉及內果皮 (Parchment)，即為生豆 (Green Bean)。

(4) 挑豆－由於乾燥咖啡果實經過脫殼機脫去果肉與內果皮所取出之咖啡豆，多少會有生長不完全等瑕疵的情形，再加上脫殼過程中，咖啡豆也有一些可能遭到破損，所以必須做挑選。

　　至於處理方法有很多種。簡單一點的方法，以吹氣或震動的方法過濾掉較輕的豆子或雜屑。

　　此外，精細一些的挑豆法可分為機器和人工兩種方法。機器挑豆是利用電腦科技的光線系統、噴氣系統、電腦控制系統三項來測量豆子密度和色澤之後再自動進行篩除。用這種科技處理的方法，的確能夠節省不少的人力。

傳統上，大多還是以人工挑豆為主。它的方法是把脫殼後的豆子，平鋪在一條寬約一米的輸送帶上，然後挑豆的工人便排排坐在輸送帶前，用目視的方法把經過自己面前的瑕疵豆挑出。同一批豆子須重複循環多次以減少瑕疵豆。所以處理的工夫做得好不好對品質便有很大的關係。

(5) 分級－咖啡豆挑好了之後，接下來就是分級了。所謂分級，就是把咖啡豆依一定規則和標準的方式，分成不同的等級，也影響價格的不同。因每個國家或咖啡組織不同有不同的分級法，我們會在下一章節再做比較詳細的解說。

2. 水洗法的處理程序

使用充沛的水量來發酵咖啡果實。因咖啡果實從咖啡樹採收下來，它內部的果仁還在熟成，也須要吸收水分當媒介與排除雜質所用。故中南美洲國家水資源較充沛大都採用此法。

(1) 篩選果實－這個步驟和前述的日曬法大略一樣，都是把咖啡果實浸泡在水槽裡，將浮在水面上的未熟豆、瑕疵豆，全部剔除。

其他沈在水槽下面的良質果實用清水浸泡 24 小時左右，但每 2~3 小時要翻動一次，每翻動二次要再更換清水一次，以免過度發酵，否則會影響豆子的風味。

(2) 去除果肉與外果皮－咖啡果實於乾淨水中 24 小時浸泡後便要使用脫果肉機，把咖啡果實內的果肉和外果皮除去，只留下兩顆帶果膠的果仁。

咖啡果實置於水槽

去除咖啡果肉機

(3) 發酵 (Fermentation)－沖煮出來的咖啡液口感是否乾淨柔順，全看這個步驟是否做得徹底有絕對的關係。

 a. 濕式－將含內果皮 (Parchment) 的咖啡豆放入水中發酵，每隔 6 小時用乾淨的水清洗一次，維持二～三天。

 b. 乾式－將含內果皮的咖啡豆放入槽內 (沒有水) 約 18~36 小時，使其發酵，使種子與果膠 (黏膜) 產生特殊的變化。

(4) 水洗－建造水池，引進源源不斷的活水，將完成發酵的豆子倒入池內，並來回推動，搓洗 (利用豆子與豆子之間的摩擦)，將豆子洗到光滑潔淨 (必須用活水清洗 24~72 小時)。

(5) 乾燥－將水洗後的豆子鋪在架高的篩網上 (至少離地面 30 公分)，利用陽光自然乾燥，需費時五～七天左右，並要不時翻動，使含水率在 12%~13%。

(6) 脫殼－利用脫殼機除去內果皮 (Parchment)，取出兩顆果仁，是為生豆。

(7) 挑豆－與日曬法一樣程序。

3. 半水洗式或半日曬法

  因每個咖啡莊園他們混合日曬與水洗的各步驟，因此沒有一定的標準程序。但較通用的步驟不外 (a) 果實採收後先放入水槽內將瑕疵豆剔掉，然後馬上去除

果肉。(b) 去除果肉後將豆子鋪在架高的網上,利用日照乾燥五～七天,使含水率在 12%~13%。(c) 利用脫殼機去除內果皮是為生豆,並進行挑豆的工作。

在印尼蘇門答臘有他們自己的獨特精製法:

(1) 篩選果實－將果實浸泡在水槽裡,將浮在水面上的未熟豆,瑕疵豆全部剔除。
(2) 去除果肉與外果皮－使用脫果肉機,把咖啡果實內的果肉和外果皮除去,剩下兩顆果仁。
(3) 進行水洗除去果膠 (Mucilage)－果實去除果肉後馬上放入水槽清洗果膠約 2~4 小時。
(4) 日曬－將清洗過的果仁鋪在網架上乾燥 24 小時 (僅表面乾燥)。
(5) 脫殼－利用特別設計的專業脫殼機,將內果皮脫去,是為生豆。
(6) 生豆乾燥－再將生豆日曬乾燥使含水率達 12%~13%。
(7) 挑豆－與前述一樣步驟。

以上各種不同的咖啡果實之「發酵處理」,因國別之地理條件的不同而有自己的做法,各有自己的特色及咖啡豆的獨特風味。一般而論採用水洗方式較被「精品咖啡」的專家們肯定,消費者也較喜愛。

04 咖啡豆的分級

採收後的果實,除了要馬上做發酵處理的工作,接下來就要進行咖啡生豆的「分級」工作了。

分級,對「咖啡生豆」來說是一項很重要的工作。生豆等級的好壞,不但是品質的保證,也攸關咖啡豆市場價格。

因各家咖啡農場的品種、管理方式各不同,在品質和風味上也有所不同。為了商業交易的標準與便利,加上近年來各國皆在推廣「精品咖啡」;因此,「咖啡分級」就成為不可或缺的一個過程。

咖啡豆的分級方式,普遍上皆採用如下三種方式:

1. 瑕疵豆的多寡
2. 豆子的顆粒大小
3. 產地的海拔高度

依不同的因素便有不同的分級法。以下是各國常見的分級法。

A. 以「瑕疵豆的多寡」為因素的分級法

(採用的國家:巴西、哥倫比亞、印尼、衣索比亞等)

此種方法是傳統最早使用的方法。其方式是隨意取出若干數量的咖啡豆做採樣,把它放置於專用的黑色紙張上,再由鑑定師就其內含物做出等級的判別。

基本上所謂的瑕疵豆,大體上就是指那些黑掉、斑點、破裂、受蟲害或者是未脫殼完全的咖啡豆;只要樣本中有此種豆子,那麼便得扣分。另外,包括處理

過程中可能留下的雜物，諸如石粒、乾果皮等等，一經發現也得扣分。

如此所得的扣分，便代表此批咖啡豆的分數，而各種等級便是以扣分的多寡來區別。

一般鑑定師以下列標準來扣分：

(1) 黑豆一粒扣 1 分 (如上圖)。
(2) 小石子一粒扣 1 分。
(3) 大石子或鐵釘一顆扣 5 分。
(4) 碎石、木屑五粒扣 1 分 (如下圖)。
(5) 蟲害豆五粒扣 1 分 (如下圖)。
(6) 酸豆二粒扣 1 分。
(7) 大乾果皮二個扣 1 分。
(8) 小乾果皮五個扣 1 分。
(9) 未脫殼豆五顆扣 1 分。
(10) 貝殼豆三個扣 1 分。

巴西豆，以前都是採用此種分級法的。但現今的巴西豆則並非全採此分級法。

採用此法的巴西豆共為七個等級，依序為 NY2 至 NY8。

另外東南亞的產豆大國印尼也是以此方式來分級的，但等級名稱則稍有不同，由上而下依序為 Gr1 至 Gr6 等六種 (此處 Gr 即英文 Grade 的縮寫)。值得注意的是，著名的蘇門答臘曼特寧便是以此分級的。

大家熟知的哥倫比亞豆，基本上也是採用此種方式來分級，其等級則簡單分為 Supremo、Excelso、Extra 等三種。

衣索比亞的咖啡豆，也是以上述方式來分類的。

B. 以「咖啡豆的大小」為因素的分級法

(採用的地區：肯亞、波多黎各、新幾內亞、巴西……等等)

這一類的分級方法，可說是簡單明瞭，為許多新興產豆地區所常用。

此分類的精神在於，對同一地區、同一品種的咖啡豆來說，豆子 (或果實) 愈大，很多時候就代表其生長時的狀況愈好，因此其所蘊含的風味也就愈佳了。

分級的方法很簡單，就是把咖啡豆置於底部有孔的容器 (Coffee Mesh 我們叫

18 號篩網

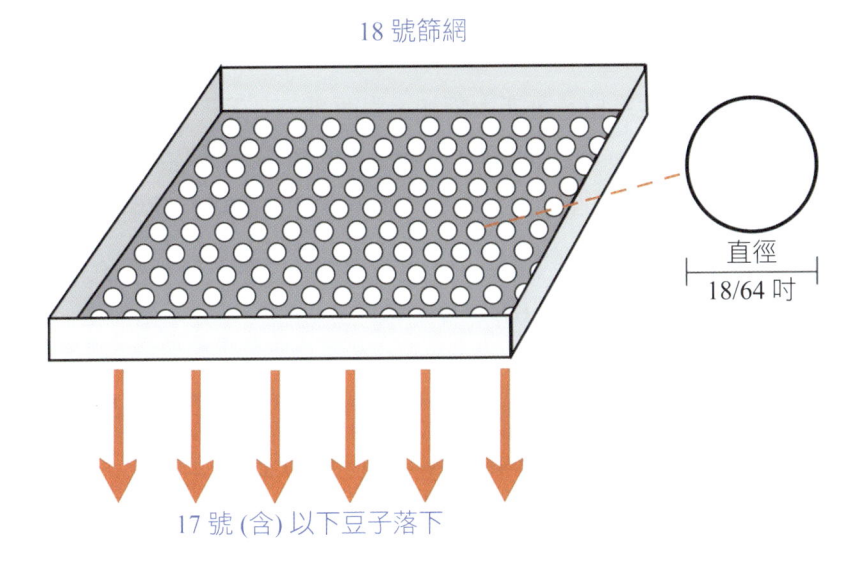

直徑 18/64 吋

17 號(含)以下豆子落下

它做篩網) 內由大而小地做篩選，便可分出大小不同等級的咖啡豆了。

　　至於這個篩網的孔，其大小在咖啡業內是有一定標準的。孔的大小一般以 1/64 英吋為基本的單位，而孔的直徑便是以此來換算的。如果孔的直徑是 19/64 英吋，則便把它標示為 19，以此類推，便有 18、17、16 等等不同編號的篩網。而以篩選出來咖啡生豆，通常也就被如此的稱呼。

　　目前市面上的巴西豆，除了採上述傳統的瑕疵豆分法之外，有很多便是採用此法來分級的。

　　另外，此分級法亦有其他不同的標示方式。其等級名稱以英文字母來區分，而每個字母有其代表的篩網編號範圍 (請參考下表)。

	一般豆				圓豆
篩網編號	19	18~17	16~15	14~13	12~9
等級名稱	AA	A	AB	B	PB

　　如出名的肯亞 AA 豆，便是屬於此分類法，其他如波多黎各、新幾內亞等地區，也多採此分類法。

C. 以「咖啡豆產區的高度」為因素的分級法

(採用的地區：瓜地馬拉、哥斯大黎加、墨西哥……等)

我們在前面曾經提過，生長的高度對咖啡豆的品質或多或少會有影響。對於那些境內多山的國家來說，此點尤為明顯。他們咸認為咖啡豆的生長高度愈高，其質地便愈細密堅硬，相對地咖啡豆的品質便會愈好，基於此種觀點，於是便衍生了這個以高度做區別的分級法(請參考下表)。

等級	產區高度
SHB (Strictly Hard Bean)	海拔約 4,500 英呎以上
GHB (Good Hard Bean)	海拔約 3,000~4,500 英呎左右
HB (Hard Been)	海拔約 1,500~3,000 英呎左右
Pacific	當地的太平洋沿岸地區 (1,500 英呎以下)

此分類法的等級名稱並非全如上表所示，但儘管每個地區會有其不同的簡稱，意義卻都是大同小異的。如以墨西哥地區的分級來說，它的最高等級便稱為 SHG (Strictly Hard Grown)，名稱雖稍有不同，但意思卻是一樣的。

D. 以「咖啡豆的大小及瑕疵豆的多寡」為雙重因素的分級法

(採用的地區：夏威夷 Kona、牙買加 Blue Mountain、哥倫比亞……)

此類的分級法，兼採前述第一和第二種的分級標準，在一個等級裡，不但有顆粒大小的分別，另外對瑕疵豆也有數量上的規定，是分級中比較嚴苛的分類方式。

目前市面上，著名的牙買加藍山 (Blue Mountain)、夏威夷可娜 (Kona) 等咖啡生豆，都是以此分級的。以下就是夏威夷可娜咖啡豆為例，做簡單的說明：

	一般豆 (扁平豆)			圓豆
等級名稱	Extra Fancy	Fancy	Prime	Peabeary
篩網編號	19 以上	18~17	16 以下	12~10
樣品 300 公克瑕疵豆的數量	少於 6 個	少於 12 個	少於 24 個	少於 20 個

咖啡樹的種子 (Parchment)

　　牙買加藍山的分級,大體上和上述類似,只不過其等級的名稱和其中的一些小細節稍有不同罷了。簡單說來,除了圓豆自成一級之外,其一般豆的等級名稱依序為 No.1、No.2、No.3 等三種。

　　另外,大家所熟悉的哥倫比亞豆,有的也會採用用此法來自成一級。比如說市面上風評不錯的「Supremo 18」,便是從 Supremo 等級中再篩選出大於 18 號的豆子而來的。

　　一般來說,哥倫比亞咖啡分為 Supremo、Excelso、Extra 等三級,其中以 Supremo 為最高級,而 Excelso 級是由 Supremo 與 Extra 所混合而成。

第四章

咖啡的產地介紹

本章要介紹具代表性的咖啡生產國之咖啡特性及風味。

咖啡的生產國位在赤道為中心的北回歸線與南回歸線間,而集中於所謂「咖啡帶」的地域。包含亞洲、非洲、中南美洲等各國。其中平均氣溫 22℃,年降雨量 1,200~1,600 毫米的地域栽培很多咖啡。

隨著生產國不同、品種不同、採收後的處理方式不同或氣候條件不同,則咖啡的品質、風味亦有所差異。所以,即便品種相同的咖啡,其香味、風味也會有很大的變化。

主要生產國:

中南美洲:咖啡生產的中心——巴西、瓜地馬拉、哥倫比亞、巴拿馬等著名的咖啡生產國。

中東、非洲:堪稱咖啡原產地的衣索比亞、代表非洲產地的坦尚尼亞、咖啡最重要生產國的肯亞等。又中東的葉門有成為「摩卡」咖啡名稱由來的「摩卡港」。

其他地區:在印尼蘇門答臘島,由於採用獨特精製方法的「蘇門答臘式」而產生具有個性香味的咖啡豆。夏威夷諸島有很多咖啡栽培地,其中以夏威夷大島的「可娜」咖啡最出名。

常見的咖啡豆之特性:

01　Blue Mountain 藍山咖啡

　　由於藍山地區得天獨厚的氣候和地理環境，造就了咖啡生產的優勢條件，使得當地生產的咖啡豆，都具有高水準的品質。

　　藍山地區海拔 7,000 英呎，嚴格來說真正能被稱為藍山豆的咖啡樹，均須種植於海拔 4,000 英呎到 5,000 英呎之間的地帶。每當中午過後，藍山山頂時常烏雲密布，形成咖啡樹的天然遮蔭。飽富水氣，充足的日曬以及日夜溫差大，如此的氣候使得咖啡果實轉紅的速度變得比較緩慢，果實裡澱粉轉換醣的過程也趨緩，藍山豆的風味及香味也因此更加一等。

　　真正的藍山豆產量非常有限，牙買加全國各地一年約生產 250 萬公斤至 300 萬公斤的咖啡，但符合牙買加咖啡局認證的純藍山豆，年產量只有 60~70 萬磅。

　　基於上述優異的天然環境，加上使用較精細的水洗方式處理生豆，以及牙買加咖啡局的中央集權式的管理，純藍山豆一直保持著相當高的品質；它的酸、甘、醇非常平衡，味道芳香，口感滑順，入口瞬間產生高雅的花香，如此完美品質，造就其成為聞名全球的極品咖啡，是為 King of Coffee。

　　目前牙買加境內生產藍山豆的咖啡莊園，其中約 80% 已為日本人所購。

02　Kona 可娜咖啡

夏威夷州是美國各州中唯一生產咖啡的地方，從 1829 年開始栽培，栽培歷史久遠。生產技術十分現代化，單位面積生產量也很高。

每年全州各島共生產約五千萬磅的咖啡豆，但只有二百萬磅是真正栽培 (種植) 於夏威夷的大島——可娜區：此地區所生產的咖啡才是 100% 純可娜 (Kona) 咖啡。市場上每年超過二千萬磅號稱可娜咖啡被消費者購買或飲用，其實裡面大概只含有 5%~10% 的可娜咖啡。

可娜咖啡樹生長於火山土壤中，土質頗為肥沃；充沛的雨量和午後就烏雲密布形成巨大的天然遮蔭，且毫無霜害也從來沒有病害和蟲害之虞，如此環境下所產出的可娜咖啡豆體型大，外表呈淡綠色幾乎沒有瑕疵豆；質地較堅硬，並帶有濃烈的酸味、奇特的巧克力味與杏仁香。恰到好處的酸味，味道渾厚、口感甘飴，質感濃醇更勝藍山咖啡，深受老咖啡客的喜愛，可說咖啡中的極品。1988 年以後每年被國際咖啡協會 (ICO) 及美國精品咖啡協會 (SCAA) 評選為世界最優質咖啡的金牌，品質勝過藍山咖啡，是為 Queen of Coffee。

Kona 咖啡的袋裝生豆

03　Guatemala 瓜地馬拉

瓜地馬拉咖啡栽種始於 1850 年，大多栽培在山脈的斜面。豐富的降雨量和肥沃的火山灰土壤是其得天獨厚的自然條件。特別是在標高 1,500 公尺高地的安提瓜地區 (Antigua) 所生產的咖啡，飽滿渾厚，無論是酸味、濃醇度等皆稱得上是世界上一流的咖啡。

其他如可班 (Coban)、薇薇特南果 (Huehuetenango) 咖啡有水果的酸味，在世界上也相當有名。

產自海拔 4,500 英呎以上的稱為「極硬豆 (Strictly Hard Bean, SHB)」，4,000 英呎至 4,500 英呎的稱為「硬豆 (Hard Bean)」，皆屬於阿拉比卡種咖啡豆。

04　Brazil 巴西咖啡

巴西咖啡約占世界產量的 30%，位居世界第一。正式栽培於 1850 年左右，從巴西東南部的聖保羅州開始栽培，而逐漸延伸到南部的哥雅斯州、巴拉那州等。當地的土壤一般是赤紫色，土地肥沃，排水也十分良好，頗為適合咖啡的生長。

大家一提到巴西咖啡就會聯想到聖多斯 (Santos) 咖啡，其實聖多斯只是出口咖啡的港口名稱，並不出產咖啡。

巴西咖啡大多是阿拉比卡 (約 60%)，用乾燥式 (Sun Dry) 處理法，巴西豆中以 S-16/17 的產量最多，最普通的咖啡豆，但篩選情形參差不齊。其香味、口味皆乏善可陳，幾乎沒有酸味，但風味均衡度佳，是用來當混合咖啡中的基豆。其 S-18/19 是最高級豆，但產量不多。

05　Columbia 哥倫比亞咖啡

哥倫比亞咖啡最早於十六世紀從海地經薩爾瓦多傳來，但於十八世紀末十九世紀初才大量栽種。種植的地區主要在境內的安地斯山脈，海拔約 1,300 公尺，氣溫約 7℃~18℃，年降雨量為 2,000~3,000 毫米，土壤為弱酸性。

此地區產出的咖啡皆為阿拉比卡種，用水洗處理法，品質良好。烘焙後的哥倫比亞咖啡會散發一種榛果香、口感滑順、具有獨特的酸味，宛如咖啡中的紳士，一切皆中規中矩，所以有人說，一個人是否 Gentleman，看他點哥倫比亞咖啡就一目了然。

哥倫比亞豆以 Supermo 為最高等級，Excelso 為上選級。產地以西部的麥德林 (Medellin) 最多。其他還有亞美尼亞 (Armenia) 及馬尼桑雷斯 (Manizales) 等。

06　Java 爪哇咖啡

印尼是世界第二大的羅布斯塔咖啡 (Robusta Coffee) 的生產地，分布於境內的爪哇島、蘇門答臘島、蘇拉威島等。特別是爪哇所生產的咖啡豆，是羅布斯塔種等級頗高的咖啡豆，其中叫 W.I.B 的圓形豆是最高級品，非常適合用來混合咖啡。羅布斯塔咖啡一經烘焙即呈現出苦味、帶有薑黃的香草植物香味，沒有酸味，經常被用做即溶咖啡。

印尼的咖啡園大多數為小型農園，由仲介商收集出售，因此品質並不均勻，乾燥的程度也參差不齊。產品種類繁多，有曼特寧、卡洛西 (Kalosi)、AP-1、黃金曼特寧……等，其中以卡洛西最頂級，但產量不多。

曼特寧咖啡 (Mandheling) 因有良質的苦味，非常受台灣的消費者喜愛。以 G1~G4，代表所含瑕疵豆的量來分級，G1 為最高等級。由於曼特寧多為深烘焙處理 (重火)，口味頗為濃稠，所以有些人以巴西豆來調和，稱為「曼巴咖啡」，此咖啡亦是台灣的特色。

07　Mocha 摩卡咖啡

摩卡咖啡分為二種。一是摩卡馬塔里 (Mattari) 咖啡，產於葉門；一是摩卡哈拉 (Harrar) 咖啡，產於衣索比亞。

摩卡馬塔里咖啡是位於中東阿拉伯半島西部的葉門所產的。咖啡的生產歷史久遠，品種全為阿拉比卡種，而以布魯本種為主。經過水洗處理後是相當優質的咖啡。具獨特的果實般香味及酸味，風味濃烈飽滿，被稱為「咖啡女王」，可惜因人口外流，勞動力不足，真正的摩卡馬塔里咖啡產量非常少 (幾乎消失)。

摩卡哈啦咖啡是衣索比亞的咖啡，全是阿拉比卡種。衣索比亞的氣候因標高的不同而有變化，高原地區雨量多，所以這裡的野生咖啡樹生長的十分茂盛。摩卡哈拉咖啡有獨特的花香味和酸味，經過水洗處理之後是相當優質的咖啡。其經過輕度烘焙所散發出的香味、酸味皆強，但中度烘焙則兼具苦味和酸味形成一種獨特的味道。

08 Ethopia 衣索比亞咖啡

衣索比亞咖啡是阿拉比卡咖啡的發源地，是世界第五大產咖啡國。它代表性咖啡是 Yirgacheffe (耶加雪菲)，也是衣索比亞精品咖啡。

衣索比亞咖啡種植面積不大，海拔 1,700 公尺~2,000 公尺，是屬於希達莫 (Sidamo) 產區之一；但 Yirgacheffe 是水洗發酵，而Sidamo是屬於於日曬發酵，所以兩種咖啡的風味與香氣完全不同。Yirgacheffe 口感濃郁有茉莉花與檸檬香，並有微微的辛香，其風味帶有檸檬與乾果，甜度與酸度鮮明。

09　Kenya 肯亞咖啡

肯亞咖啡是於 1893 年由現今留尼旺島 (波旁) 引進來的。由於咖啡生長於極高的海拔上 (約 5,000~7,000 英呎)，經過水洗處理，喝起來質感很好，香氣襲人，具有質感非常好的酸性，且味道濃稠，是上品的咖啡。

肯亞咖啡共分為 AA、A、AB 及 B 級，其中以 AB 級出口最多約占 50%；另外還有 AA++ 等特優級咖啡，且會有 5% 圓豆 (Peaberry) 更是可遇不可求。

由於肯亞咖啡品質精良，且肯亞被譽為「東非的瑞士」全國共有約 300 處小栽培莊園，一年可生產 200 萬至 250 萬袋，95% 出口到世界各國，並以歐洲地區為大宗。

10　Costa Rica 哥斯大黎加咖啡

於西元 1779 年由西班牙旅行家納瓦洛從古巴帶來。它主要產於面向太平洋的中央高原地梅塞塔、聖多拉爾及東部加勒比海 (大西洋) 方面亞特蘭地克區域。由於產區皆位於火山周圍，屬高地栽培的咖啡豆，厚度整齊，口味純，如依烘焙程度不同，能變化各種不同風味。

哥斯大黎加咖啡是中美洲軟性咖啡的代表。咖啡豆屬於大粒豆型，其性溫和具有清香如 La Minita，酸性較強但很柔和，缺點是後勁較短，但亦屬上乘的優質咖啡。

第五章

台灣咖啡

01　台灣栽培咖啡的沿革

根據日治時期 (1895~1945 年) 台灣總督府殖產局技師田代安定 (1857~1928 年) 的報告 (1911 年) 記載：台灣最早嘗試咖啡的栽種，可溯源於清光緒十年 (1884 年)，是由大稻埕德記洋行的英國人 Mr. Bruce 與 Mr. Marshall 擁有大型輪船，常常行駛通過上海、福州、淡水 (只在產茶期停泊)、香港、新加坡、可倫坡 (錫蘭，現為斯里蘭卡)、孟買 (印度)、蘇彝士運河，經大西洋而航行到美國，

比經過太平洋有利，返航亦同。而咖啡的輸入是在錫蘭的可倫坡裝載。雖然是否為樹苗則不清楚，但種子的寄送可說是事實。

因為西元 1884 年是錫蘭發生咖啡葉銹病最嚴重的一年，咖啡苗是不可能輸出，且馬尼拉在翌年 (1885 年) 也開始發生咖啡葉銹病。再就海山郡冷水坑 (現為土城、三峽) 最古老的咖啡樹發生咖啡葉銹病加以考察，輸入播種的前年，即 1884 年錫蘭已被咖啡葉銹病為害甚重，所以不可能自錫蘭輸入樹苗。

日本佔領台灣後的明治三十五年 (西元 1902 年) 故田代安定 (總督府技師) 於創設殖產局恆春熱帶植物殖育場之際，從冷水坑的咖啡母樹之種子加以試種，另自小笠原島進口爪哇系的種子，極力推廣種植。

到了西元 1927 年再由日本木村咖啡株式會社於現今嘉義的紅毛埤 (於 1918 年設立至今的嘉義縣農業試驗分所) 開始種植。而後於西元 1932 年由日本的圖南株式會社接手咖啡種植，並擴展到雲林的古坑、南投的惠蓀、花蓮的瑞穗等地，全盛時期，荷苞山滿山遍野皆是，咖啡約有 67 公頃，因此荷苞山早年又叫「加比山」。

由於西元 1945 年日本的戰敗，於 1946 年將產權轉移給當時的台南縣斗六經濟農場繼續經營 (民國三十九年才設雲林縣)；並派遣朱慶國技正到夏威夷及中南美洲考察咖啡產業。回國後，朱技正邀請日本的後藤博士來台灣 (二次) 指導咖啡生產技術，建議在斗六經濟農場設立遠東最大的咖啡加工廠，於民國四十八年十月完工。當時就採用德國的 Probat 品牌烘培機，將加工後的咖啡銷往日本及美國。

　　目前台灣咖啡種植已不再侷限於雲林古坑或南投惠蓀了，台南東山、嘉義阿里山、龍眼村、瑞里、南投的國姓、名間，東部的台東、花蓮等地也紛紛的廣植咖啡，總面積約 600~800 甲土地，可生產 600~1,000 公噸的咖啡生豆，是近年農民的一種新生產業。可喜的是嘉義縣所生產的咖啡每年參加全國各地咖啡豆評鑑比賽，皆名列前茅，連續數年，可見嘉義山區非常適合種植咖啡，值得推廣。

02　台灣咖啡的風味特性

台灣咖啡由於經過了八十年以上皆沒有改良新品種，所以樹勢老化，其果實之質地較不密實，尤其低海拔 (600 公尺以下) 的咖啡更是鬆質、經沖煮出之咖啡液的濃醇度不足，口感較淡泊、香氣弱，但酸味適中，是其優點。一般而言，它的味道接近巴西聖多斯的豆子。

種在海拔高度 1,000~1,300 公尺的咖啡豆之質地較硬，口感、酸味較明顯，留在舌根之苦味也較短，後韻質感更勝巴西咖啡一籌。

近年由於台灣氣候變化很大，尤其夏天的溫度，白天常常高達 36℃ 以上且連續數天，這對咖啡的生殖影響非常大。在品質上，咖啡豆的纖維質地較鬆脆，經過烘培後其蜂巢結構空洞化較大，萃取後口感不濃稠，且單位重量亦較輕，是不利買賣，因而在國際市場上無法與外國貨 (咖啡) 競爭。

03　台灣咖啡農應有的認知

雖然台灣目前每年可生產約 600~1,000 公噸的生豆,而每年還需進口 5~6 萬公噸的生豆,所以「台灣咖啡」的市場有很大的成長空間。近年國際咖啡連鎖店紛紛進駐台灣,因此咖啡的消費市場必會逐年增長,每年應有 10%~15% 的成長率。

但台灣本土咖啡的品質則有待提升。因台灣本土咖啡的濃稠度不足,香氣弱且帶雜味。這些缺點有待咖啡農的努力改良,否則不能與進口豆相抗衡。

所以台灣咖啡農不能像過往的心態,必須虛心學習,多方找資料,以客觀的態度去了解世界各咖啡生產國的經營管理方法,並認真去了解各優質咖啡的獨特風味為參考依據,再用專業知識去經營生產具有台灣特殊的咖啡風味,才能建立,「台灣本土咖啡」的價值。

在美國精品咖啡協會 (SCAA) 於西元 2009 年以前,沒有任何人提過台灣咖啡,也沒有任何機構對台灣咖啡提出評價 (2009 年已改變觀念,因李高明先生的咖啡豆被 SCAA 肯定,當年得到全世界第 11 名)。而且世界各產咖啡國之咖啡皆在國際「期貨」市場掛牌,唯獨台灣咖啡未曾被掛牌上市,以致於外銷市場幾乎是零,這是一個嚴肅的課題。

04　台灣咖啡農未來應努力的方向

目前台灣咖啡的市場只局限自產自銷，甚至賣不出去，堆滿倉庫有滯銷的現象。所以我們的咖啡農要更加快腳步與國際接軌，才能打入外銷市場。

要與國際接軌必須要將以下三項工作做好：提升品質、合理價格、建立品牌。

1. 提升品質：目前未引進新品種。從栽植、管理到採收加工處理，到生豆的分級，儲存包裝及運輸過程，每一環節皆不能馬虎，尤其要加強病蟲害的防治更是咖啡豆品質好壞的關鍵，如此才能達到國際消費者(買家)的認同。

2. 合理價格：目前台灣本土生豆每公斤約 NT$600~1,000 元，與品質不能相對稱。售價高不是問題，如牙買加藍山生豆一公斤約 NT$2,500 元，還一粒難求。所以問題出在品質沒有達到應有的水準，如果兩者(品質與價格)未能 Balance，則台灣咖啡便沒有未來。

3. 建立品牌：世界各國皆有其獨特風味的「品牌咖啡」代表，如牙買加的 Blue Mounatin、夏威夷的 Kona、瓜地馬拉的 Antigua 或肯亞的 AA，而台灣呢？目前還沒有建立自有品牌被 SCAA 或 ICO 等機構評鑑具地域特性的品種咖啡。所以我們要加速建立品牌，希望有一天能有台灣「華山咖啡」、「梅山咖啡」、「名間咖啡」……等名號，並各自參加 SCAA 每年舉辦的咖啡評鑑，能被世界各國人人皆知且被認同。

05　台灣咖啡農目前最迫切的工作

1.團結、無私

「團結」是台灣人一向的弊病，也是最困難的行為。我們不能單打獨鬥，必須打破私利的心態，以團體組織力量來研究、推廣，共同追求咖啡農的利益，才能獲利及永續生存。

2.降低生產成本工作

(1) 加強生產管理工作，增加果實產量，提高製成率，由目前 6~7 公斤果實製成 1~1.2 公斤生豆，提升至 4.5~5 公斤果實製成 1.2 公斤生豆。

古坑荷苞山谷泉咖啡莊園

(2) 訓練採收工人的熟練度，使每人目前一天僅採收 25~32 公斤果實，提高至 45~50 公斤果實。

(3) 專業及統一的加工處理，並建立共同處理工廠，降低加工費用，使生豆 (去殼) 每斤降至 NT$400 元以下。

(4) 最好成立像「牙買加咖啡管理局」的公正單位，統一管理，監督、質量控管，建立品牌證照及分級價格。

3. 引進新品種及提升農場管理技術

台灣咖啡有文獻記載 (台灣農業試驗所嘉義分所) 是自 1927 年至今已超過八十年。咖啡樹皆未經過品種改良或引進新品種 (名間的蕭先生於 2005 年已引進夏威夷 Kona 的品種)，所以台灣咖啡的品質皆弱化，未能符合消費者要求，更不被國際買家認同要提升台灣本土咖啡品質，必須注重種植管理技術，唯有懂咖啡的人 (懂種植、施肥、病蟲害防治、採收後加工處理及行銷)，才能將台灣咖啡帶進世界舞台，所以我們要加緊培訓這類人才，最好從學校教育做起！！

第六章

咖啡豆的儲存與包裝

咖啡好喝的第一個要求便是新鮮,因此,善用良好的儲存方式來保存烘焙好的咖啡豆,對沖泡咖啡者來說也是很重要的………

01　生豆的儲存

說到咖啡豆的儲存，得分生豆和熟豆兩方面來說。首先來談生豆的保存。一般說來，生豆的保存要比熟豆來的簡單許多，該注意的重點整理成以下幾項：

1. 絕對避免陽光照射
2. 溫度不宜過高或過低；尤其避免 10℃ 以下或 30℃ 以上的環境。
3. 生豆不宜直接放置於地面上，最好放置於砧板或托架上。一來避免地面潮濕導致豆子發霉；二來避免地面的氣味造成咖啡豆的多餘的雜味。
4. 宜保持置放場所空氣流通，並盡量避免與其他氣味強烈的東西一起堆放，以免日後影響咖啡豆的風味。
5. 如果允許，咖啡豆最好經常**翻動翻動**，以增加它的通氣性。
6. 要做保存日期的控管。生豆雖然鮮度可達數年，但仍有其一定的期限，做好時間的控管才能確保咖啡豆的新鮮度。

如果能夠掌握以上所說的幾點，在生豆的保存上就不會有什麼問題了。台灣的天氣常常悶熱又潮濕，得小心別讓生豆發霉或發酵了。

咖啡小語

幾乎所有新咖啡生豆都裝在由黃麻和波羅麻織成的粗纖維袋子裏，每袋大約裝 60 公斤。但夏威夷則使用 100 磅裝的袋子，在哥倫比亞則使用 70 公斤裝的袋子，但在波多黎各，有時也使用 90 公斤的袋子。

以麻袋裝來保存生豆

02　熟豆的儲存

咖啡豆烘焙完成後，內部的化學變化仍在持續進行中，會產生大量的二氧化碳，短暫的形成一層保護層，但相對的也會將香氣一併帶出，是咖啡最香的時刻，但口感會偏酸。六個小時後，酸味漸除，口感轉為飽滿。

三～七天之內咖啡豆的風味達到最高峰，香醇飽滿，並有回甘之美味。之後，苦味漸增，香味也會逐漸消退，所以必須妥善包裝，以免咖啡風味漸失。

一般來說，最好能在烘焙完的 12~24 小時內就盡快包裝起來與空氣隔離。但為什麼要盡快包裝起來呢？原因有以下幾點：

1. 空氣中的氧是破壞咖啡豆的最大殺手。
2. 咖啡豆經過烘焙後，內部有數百種新的化合物，形成香味，其揮發點皆很低，很容易揮發而流失掉。

此為 STARBUCKS 咖啡熟豆的包裝方式

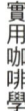

圖為義大利 ILLY 咖啡豆的罐裝包裝

3. 咖啡豆經過高溫的烘焙後，其細胞膜放大，很容易吸收空氣中的水分，進而產生水解作用 (Hydorlytic) 破壞咖啡的口味。
4. 咖啡豆一碰到「光」就立刻提高氧化的效率，加速咖啡的破壞。
5. 咖啡豆在高溫烘焙後，其脂質會經由細胞膜的出口外流，如一碰到「光」會加速氧化作用，造成變質而容易有油腥味產生。

當咖啡烘培好之後，保存的方式就要比生豆來的麻煩許多。以下整理出咖啡熟豆保存時該注意的重點：

1. 盡量以整顆咖啡豆的原狀保存。咖啡豆一旦磨成粉，保存期限的效果就要大打折扣。

咖啡小語

一般來說，熟豆的保存期限比生豆要短得多。即便是在包裝保存的很好的情況下，烘焙完的咖啡豆最好不要放置超過半年，三個月內使用完更好。以實務經驗來說，烘焙好一個月內的咖啡豆，狀況是最好的，超過這個期限，咖啡的風味就漸漸地減損了，甚至會有其他雜味產生。

有一點要注意，如果是拆封過存放在密封罐裡的咖啡豆，其鮮度的保存期以 14 天為限。

至於生豆，其新鮮度的保存期就長了許多，一般來說，只要儲存的場所得宜，放置 2、3 年的生豆在業內是相當普遍的。

2. 一定要避免陽光的照射,最好放置於連燈光都照不到的地方。
3. 保存的容器絕對不能有濕氣,也要能夠隔絕外在環境的溼氣。
4. 盡量減少和空氣接觸的機會。空氣中的氧氣會使咖啡豆產生氧化作用,不但會減損咖啡豆本身的風味,也會造成其他的雜味 (咖啡的油脂氧化後,多少都會形成一股油腥味)。
5. 除非馬上要用,建議購買使用有單向排氣閥的裝置,此種包裝方式較有利於咖啡豆的保存。等到需要使用時才拆封,可確保咖啡豆的新鮮度。
6. 保存咖啡豆不能使用一般的容器或罐子,最好使用密封式的真空罐,如此才能確保隔絕空氣和濕氣,對香氣的保存也較有利。
7. 咖啡豆的保存方式再好,還是有它一定的期限。包裝拆封了的咖啡豆最好盡早喝完。

咖啡小語

　　咖啡豆在初期烘焙完後,會不斷地釋出二氧化碳;而若是烘焙程度較深的咖啡豆,其豆子表面出油的情況也會持續。此時咖啡豆本身許多微妙的變化仍在發展之中,一般而言,起碼得過了 3 天之後,整個咖啡豆才能在較均勻地呈現出該有的風味來。不過也有人認為 3 天的時間並不夠,得過個 6 天整個咖啡豆的風味才會最為平衡完整。所以烘焙後 4~10 天之豆子的香氣最明顯。

03　生豆的包裝

咖啡豆的包裝，一樣可分為生豆和熟豆兩種不同的方式。生豆的包裝很簡單，通常是使用粗麻袋。麻袋的大小不一，有 60 公斤裝、70 公斤裝甚至是 90 公斤裝。但這並非絕對，比如說牙買加藍山便都是用木桶來包裝生豆的。

圖為牙買加藍山咖啡豆的桶裝生豆

04　熟豆的包裝

熟豆的包裝就費事了些,因為咖啡豆一但經過烘焙之後,在空氣中很容易產生變質,為了保持咖啡豆的風味和鮮度,包裝上不斷地改進。以下介紹幾種過去與現今的包裝方式。

A. 真空包裝

把包裝容器內的氣體抽除,再將「惰氣 (Inert Gas)」加壓灌入 (約 1.2~1.3 巴),使咖啡油脂在加壓之後會均勻分布在細胞壁四周,不會與空氣接觸發生氧化作用,此法可使咖啡的風味與鮮度能完整保存長達六個月至十二個月。

義大利知名品牌 LAVAZZA 的真空包裝方式

B. 單向排氣閥

其大小有如中型鈕扣，是目前最有效的包裝方式。其原理是將新鮮烘焙咖啡豆釋出的二氧化碳排出且防止外面的氧氣進入包裝袋。無庸置疑的單向排氣閥(Degassing Valve)是目前業界公認最理想的一種保鮮方式。但目前只適用於完整的咖啡豆。

C. 透明玻璃密封罐

將咖啡豆直接放入透明密封罐，使咖啡直接暴露與空氣、陽光接觸，只會加速其腐敗更遑論保鮮了。而有咖啡業者為增添咖啡館內視覺效果而採用此種保存方式，實在是一種錯誤的示範。

圖為店家以透明密封罐展示銷售

咖啡小語

咖啡豆存放於冰箱好嗎?以經驗來說是不好的,為什麼呢?原因有以下幾點:

1. 冰箱內雜味很多,容易被咖啡豆所吸收。
2. 冰箱內冷而乾燥,容易蒸發咖啡豆的水分,並帶出香味。
3. 咖啡豆從冰箱取出會凝結空氣中水氣而使咖啡豆潮濕,很容易破壞口味。而且經研磨後,咖啡粉會結成塊狀,造成沖泡不均勻形成沖泡失敗。

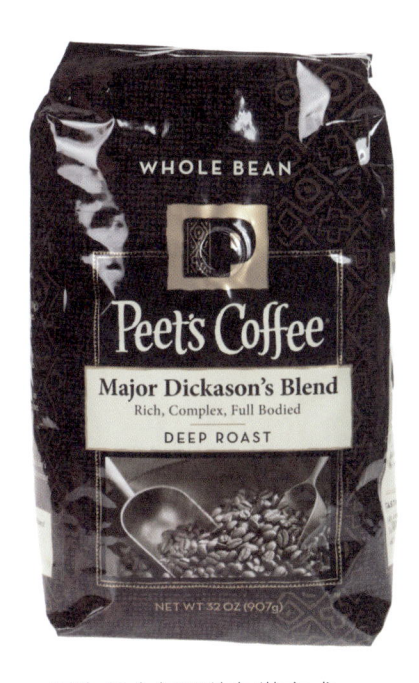

圖為單向氣閥的包裝方式

第七章

咖啡烘焙

烘焙是要產生咖啡香味的重要作業。
咖啡迷人的香味是由烘焙產生的。

01　咖啡豆烘焙的發明

咖啡生豆須要經過加熱烘焙，使組織膨脹，發生化學變化而產生咖啡香氣。因咖啡的香氣在生豆的狀態下，是完全感受不到的，只有青草味。所以須要經過高溫烘焙後才能展現迷人的味道。

至於咖啡豆的烘焙究竟是誰發明的，也沒有人敢確定，但在某種因緣際會下，人們突然發現，生的咖啡豆經過火烤了之後，竟變得十分的芳香，從此便開始有人去改變習慣，將果實在食用之前先在火裡燒烤一回，等到它慢慢產生香氣了之後再拿來煮。到了西元 1260 年，才有伊斯蘭教徒發明烘焙咖啡的方法。

這些典故，是否屬實已不重要。但無論如何，我們可以肯定人類聰明的老祖宗們，老早就已知道咖啡豆畢竟是農作物，必須經過高溫烘焙後才能食用。只是它讓原本看起來不起眼的咖啡生豆，一變而成為迷人且香氣飄逸的咖啡熟豆。

02　烘焙的思維

咖啡豆是屬於農作物，必須要經過烘焙，在一定的時程及對豆子的加熱狀態來產生咖啡香味的作業之後，才會產生大家所熟悉的味道與香氣。然而，烘焙咖啡豆不是用大火快速加熱讓豆子熟了就好，而是要經過「梯度熱源」來加熱，再加上熟練的技術，讓咖啡呈現不同的風味與獨特香氣，使其適合飲用的過程。烘焙得好的咖啡豆可將原有的酸味、苦味及香氣調和表現至最佳境界。

烘焙時最重要的就是使豆子的內外部必須均勻受熱，生豆內的水分會因高溫而流失。如果加溫太快，豆子的外表皮會因過度受熱而使咖啡出現苦味與澀味。

在飲食的世界裡，味道是決定一切，所以正確的烘焙技術及性能優良的烘焙機且使用優質咖啡豆所烘焙出來的咖啡，天然迷人美味，絕對不輸任何頂級的紅酒，否則咖啡也不可能風靡全世界。所以說「烘焙」是咖啡風味的技拓法。

03　烘焙的基本原理

咖啡的烘焙，有許多不同的方式和技巧。每一位烘焙者本身的經驗，對不同的咖啡豆的認知，以及所使用的烘焙機不同等等，這些因素都會造成烘焙方式的差異。如不同的咖啡豆，採用不同的烘焙深度，則深、淺烘焙在時間上就有極大的差別。

另外，即使要將咖啡豆烘焙到相同的程度，也會因人而異有不同的烘焙方式。加上使用不同的烘焙機，在烘焙的技術上也會不同，所以整個烘焙的流程及烘焙時所須的知識也都不盡相同。

總而言之，烘焙這個工作在咖啡的處理過程中是最複雜也是難度最高的一個步驟，它是一種科學也是一種藝術。不過最重要且最後的結果，是要烘焙出能讓消費者充分享受咖啡的最佳美味，將每種豆子的獨特風味發揮到極限。

無論使用何種烘焙方法，也無論預計要烘焙的程度如何，大致上咖啡豆的烘焙可以略分為以下三個不同的過程：

A. 烘乾生豆內含的水分

生豆一般都含有約 11%~12% 左右的水分，因此，烘焙的第一個步驟便是要去除這些豆子內含的水分。

當溫度隨著烘焙機的運轉慢慢升高時，生豆內部的水分會因熱氣而逐漸蒸發，這時生豆表面上的那層銀皮會開始脫落，此時生豆開始有香味產生。

這個階段主要的目的是去除生豆之內所含的水分，所以時間的長短得視不同的生豆而定 (水洗式處理的生豆，一般內含的水分比日曬法處理的生豆來得多些)。不同的烘焙師父，在這個階段可能就會產生很大的差異了。相同的豆子，若以不同的時間和溫度來烘乾水分，就會產生不同的風味。此階段時間的拿捏，會影響下一階段的進行，並關係著咖啡豆的品質。一般而言，若時間過短，咖啡豆的風味難以完全發揮；但若時間過長卻又極易造成過火的焦炭味。

通常此階段所占的時間，約為整個烘焙過程的一半左右，這個階段火候控制得好，有助於下個階段火候的調整與進行。

B. 高溫烘焙，使咖啡豆內部產生物理性與化學性變化

當生豆內的水分經過上一步驟的烘焙，開始慢慢達到沸點而蒸發為氣體時，便會往咖啡豆外部釋放。隨著溫度持續上升，這時生豆會由原本第一階段的吸熱，轉變為釋放熱能，咖啡豆本身也開始產生變化。咖啡豆內部的細胞壁因膨脹而破裂，並伴隨而來嗶嗶、啵啵的聲音，烘焙師都稱它為「第一爆 (Crack)」。

此時咖啡豆內部因為壓力極大，高溫與高壓使得咖啡豆的性質產生徹底的結構性變化，咖啡各種豐富的味道便在此時形成。另外，咖啡豆的顏色也由淺褐色慢慢轉變為褐色了。也是焦糖化反應與梅納反應的進行過程。

「第一爆」的發生時間通常在攝氏 190~200 度左右 (但這只是理論值，由於室溫的不同，以及烘焙機的溫度偵測置放處不同，在實際的烘焙過程裡，這個溫度只是一個參考值)。當「第一爆」過後，咖啡豆內的溫度由於放熱過程而逐漸下降。此時若烘焙仍持續進行，則隨著烘焙溫度的再度上升，咖啡豆會再進行一次吸熱，並在溫度到達某個臨界點時轉為放熱是焦糖化反應與梅納反應的結束，

圖為「第一爆」之後檢視咖啡豆顏色的步驟

並再一次發出聲響,這們稱此為「第二爆」。

「第二爆」的發生,一般約在攝氏 205~215 度左右,經過「第二爆」的咖啡豆,顏色又由深褐色轉變為黑褐色,甚至在豆子的表面上會分泌出發亮的油脂。

咖啡豆的烘焙,基本上皆需經過「第一爆」這個階段,但是否需要達到「第二爆」,就視所要求的烘焙深度而定了。

C. 將咖啡豆移出烘焙容器並使之冷卻

咖啡豆經過了前述二個階段後,基本上已算完成了烘焙過程。一旦確定達到所要的烘焙深度後,接下來便要將咖啡豆移出烘焙爐並儘速使之冷卻。

冷卻的方法很簡單,一般都是透過空氣來使咖啡豆降溫。專業用的烘焙機都

咖啡豆烘焙完成，出豆於冷卻槽。

會設有冷卻用的托盤，托盤內有可旋轉的推臂，底部並設有抽風裝置。當烘焙好的咖啡豆卸入托盤，透過風扇抽送冷空氣，及托盤內推臂的攪動，咖啡豆本身的溫度便會迅速地降下。

冷卻這個步驟還算簡單，但此階段有一個重點──拿捏咖啡豆移出的時間點。

當烘焙機的熱源被關掉時，咖啡豆所處的內爐，溫度可還是挺高的。有的烘焙師便會刻意在此時讓咖啡豆在烘焙的容器內多停留一會，就好像飯煮熟之後還蓋著鍋蓋多燜它一回一樣。至於燜的時間該多久，是否每一位烘焙師父都是如此，或者每一次的烘焙都得如此，那可就因人而定了。

此外，如果用簡單的家庭用烘焙工具，那麼冷卻的步驟就得多靠自己。不妨在烘焙之前便先準備好用來冷卻的容器，攪動用的勺子和電扇。因為剛烘焙好的豆子內部的溫度仍極高，若不儘速將之降溫以阻止其高溫裂解作用，那麼咖啡本身的風味極有可能會在此過程中流失。

基本上冷卻的方式用最自然的空氣降溫比較好些。有些大型商業烘焙冷卻的方式是以灑水來降溫，雖然如此會使冷卻的率效更好，但灑水量的控制卻得極為精準才行，否則過多的水分反而容易讓咖啡潮濕而失去了風味。

第三個步驟比起前二個，算起來要簡單許多，尤其專業的烘焙機均設有咖啡豆的冷卻裝置，只要把豆子卸入冷卻托盤，並記得啟動冷卻風扇，整個烘焙作業

就差不多完成了。

總括上述的三個流程,每個步驟都有它不同的特點。對這些特點的拿捏如何,便構成了烘焙者的風格。相同的豆子,透過不同的烘焙師父,常會呈現出不同的風味來,這是極有趣的情形;而對烘焙者本身來說,如何精準地詮釋咖啡豆本身的風味,是頗富挑戰性的工作。

所以一位優秀的烘焙師,都是透過不斷的嚐試,不斷的經驗累積而來的,對咖啡的各種修養也絕對都是一流的。美國著名的咖啡大師畢特先生 (Alfred Peet),便是一位極優秀的咖啡烘焙專家。其對咖啡界的貢獻與執著,備受業界所推崇。

咖啡豆冷卻後,送入包裝槽。

04　烘焙的模式

咖啡豆的烘焙模式可分為單炒與雙炒兩種模式。

1. 單炒

　　生豆倒入烘焙機，烘炒到烘焙師所要的烘焙程度，這整個過程一次完成的烘焙法稱為單炒。

　　單炒的咖啡熟豆外表較粗糙，紋路較明顯，豆子爆裂較完整，體積膨脹較大，故質地鬆脆。

　　單炒咖啡豆的風味明顯，且口感豐富萃取率高 (相同的時間)，烘焙的過程變化較大且難度也較高。

2. 雙炒

　　生豆倒入烘焙機加熱到一爆前即下豆到冷卻盤，冷卻至近常溫後，再次進入滾桶內重新加熱烘焙，炒到烘焙師所要的烘焙程度。此種方式稱為雙炒。

　　雙炒的咖啡豆外表較光滑，豆體質地較密實，故萃取率偏低，其特有的風味較不明顯。

05　烘焙的方式

咖啡豆的烘焙方式可分為單品豆烘焙與混合豆烘焙兩種方式。

1. 單品豆烘焙：是指烘焙單一種的生豆而言。這也是專業烘焙的基本。
2. 混合豆烘焙：是烘焙前先混合數種生豆而予以烘焙的方法。混合調配雖較有效率，但因要烘焙的豆子，其各異的含水率，生產期 (新豆、老豆⋯⋯等) 的不同，就極有可能損害到香味的安定性。其烘焙技術困難度高。

06　烘焙的工具及構造

回顧咖啡的歷史，咖啡烘焙的發展，十九世紀初期到中期算得上是個很大的轉捩點。那時商業烘焙機在歐洲和美國陸續誕生，使得咖啡烘焙業者的產量大大的提高，而烘焙的品質也更趨穩定。如此的進步，間接地促成了咖啡的普及和商業咖啡的興起。

那麼在這些商業烘焙機發明之前，咖啡豆又是怎麼烘焙的呢？其實早在很久之前，阿拉伯人便已懂得咖啡必須經過烘焙才會更好喝的道理，那時當然也會有他們自己獨特的烘焙方法。但因年代久遠，最早的烘焙究竟係於何時開始，其方法為何，現在都已無法得知。

對於烘焙的發展歸納出三個不同的進程，並簡述於下：

A. 用炒的方式來處理咖啡生豆

咖啡生豆聞起來是沒有香味的，當人們開始意會到經火烤過的咖啡豆會變得極為芳香後，在煮食咖啡之前，便要先把它放在火上烤一烤。但咖啡豆在烤的過程中必須不時的翻動，否則很容易因受熱不均而焦黑；久而久之，便發展出炒咖啡豆的方式。

這種炒咖啡豆的方式，和炒花生米相當類似。大家都知道，花生是個很古老的農作物，炒咖啡豆的靈感或許來自於它也說不定呢！

在十九世紀初，美國一度很流行買咖啡生豆自個兒在家中炒咖啡，其所使用的絕大多數都是這類的方法。但如此現炒現沖雖然最為新鮮，而且有滿室生香的效果，卻是相當麻煩的。為了保持咖啡豆在平底的鍋子裡能受熱均勻，炒豆者不

但得一手握鍋把的長柄,不時搖晃移動;另外還得不停地用鏟子翻動咖啡豆。往往一場炒豆下來,弄得灰頭土臉,筋疲力竭。

以咖啡烘焙的原理而論,這個方法是很難製作出令人激賞的咖啡豆,它的好處就只在於新鮮罷了。原因很簡單,用這個方法,咖啡豆受熱不均的程度會很明顯,有的過深有的又過淺,泡出來的咖啡當然就不會太好喝囉。此外,溫度的限制也是一個問題,我們前面有提過,「第一爆」的溫度約在攝氏 190~200 度左右,「第二爆」更高達攝氏 205~215 度,如此的高溫用炒的方式是很難達到的,所以由此種方式炒出來的咖啡豆,是很難完全呈現咖啡本身豐富的滋味的。

B. 用爆米花的方式來處理咖啡生豆

隨著各種技術的進步,咖啡豆的處理方式也跟著慢慢改良。於是之前用來炒豆的鍋子,變成了密閉的容器,此種改變,使得烘焙咖啡的溫度得以提高不少,改善了上述所提到的缺點。

如果各位曾看過爆米花的經過,那麼就更容易明白這裡所述的方法。爆米花

圖為中東地區早期採用爆米花式烘焙咖啡豆

最後的那個爆響,和咖啡豆的「第一爆」相當類似,經過了那一爆,整個結構被破壞並重組,體積也變得比先前要膨脹了些。

但是,溫度提升速度過快、以及溫度不易控制,是此法最大的缺點。

若對咖啡的品質要求高,那麼還是透過專業烘焙師操作專業用的烘焙機,才能使咖啡豆的品質得到最佳的發揮。

C. 使用專業烘焙的機器

隨著十九世紀工業逐漸發達,烘焙咖啡的機器也跟著有了長足的進步。到了西元 1850 年左右,無論是歐陸、還是美國,商業用的大型咖啡烘焙機已相當普及。

當美國一位熱衷於咖啡烘焙的柏恩斯 (Jabez Burns),在 1864 年發明利用熱風來烘焙咖啡的烘焙機後,咖啡烘焙的時間又可以更加縮短,烘焙品質的一致性

大型專業烘焙機

也較高 (柏恩斯也是第一個在咖啡烘焙機的出豆口上,裝置冷卻盤的發明者)。這對咖啡工業的發展具有很大的影響,此時美國這個咖啡的消費第一大國,紛紛出現了大型的烘焙商。

專業用的咖啡烘焙機,一般可以歸納為二種不同的型式;直火式和熱風式。這二種烘焙機,各自利用不同的熱傳導方式使咖啡豆受熱,所以烘焙出來的效果不盡相同,所導引出來的烘焙理論也不同,以下我們就其特性分別予以介紹:

1. 直火式烘焙機

直火式烘焙機的火源一般皆設於滾筒的下方,烘焙時火源便直接加熱其上的金屬滾筒,透過熾熱的滾筒壁的熱傳導,當咖啡豆與金屬壁接觸時便能受熱。烘焙時的滾筒一直都是轉動著的,透過滾筒不停的轉動以及滾筒內的攪伴棒的翻動,每顆生豆受熱的程度便能更形均勻。

但直火式烘焙機也有不少的缺點,由於滾筒的導熱速度有限,所以烘焙的時間相形之下便需較久的時間;另外,生豆和金屬壁的接觸時間很難控制,所以容易造成烘焙不均勻的情形。

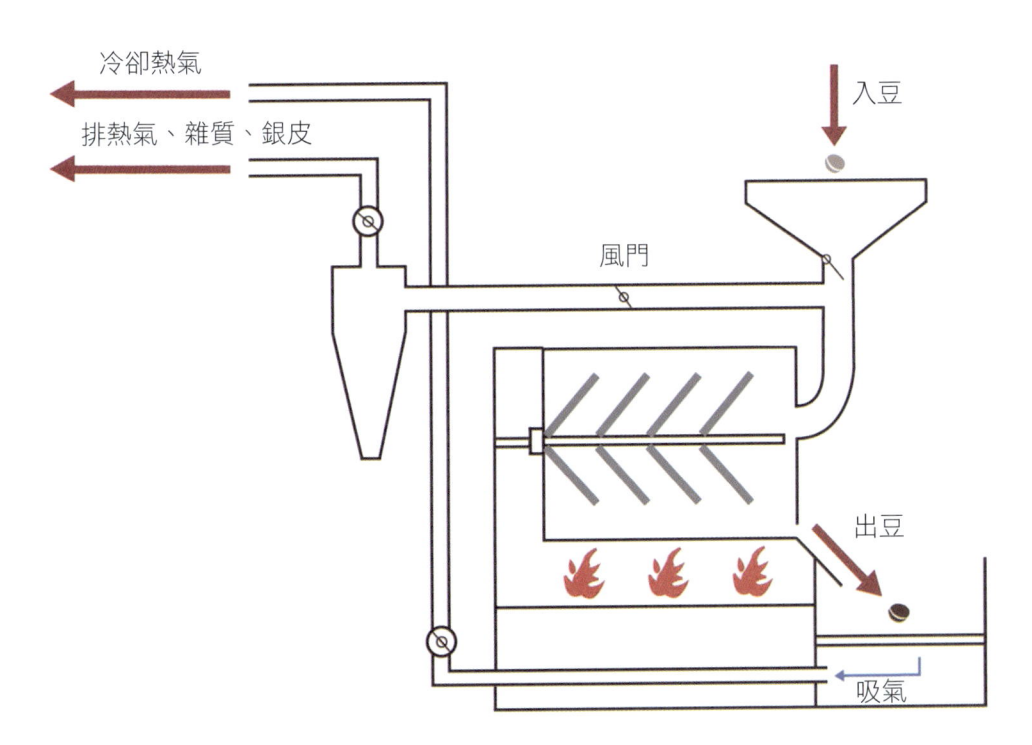

直火式烘培機結構圖

2. 熱風式烘焙機

熱風式烘焙機顧名思義便是以熱風 (空氣) 為熱傳導的媒介。透過生豆和熱空氣的接觸，達到加熱的目的。

想出利用熱氣來加熱咖啡豆這點子的人，就是上面曾提及的美國人柏恩斯。他把傳統直火式的火源從滾筒底部移至它處，讓加熱後高溫的空氣，經由鼓風機進入滾筒，生豆便不再透過滾筒的金屬壁來加熱，而是直接在熱氣中吸收熱能。

熱風式烘焙機的好處，便是節省時間和能源；另外，生豆的受熱也能較為平均。但缺點是在火候上的控制較直火式來得不易拿捏。

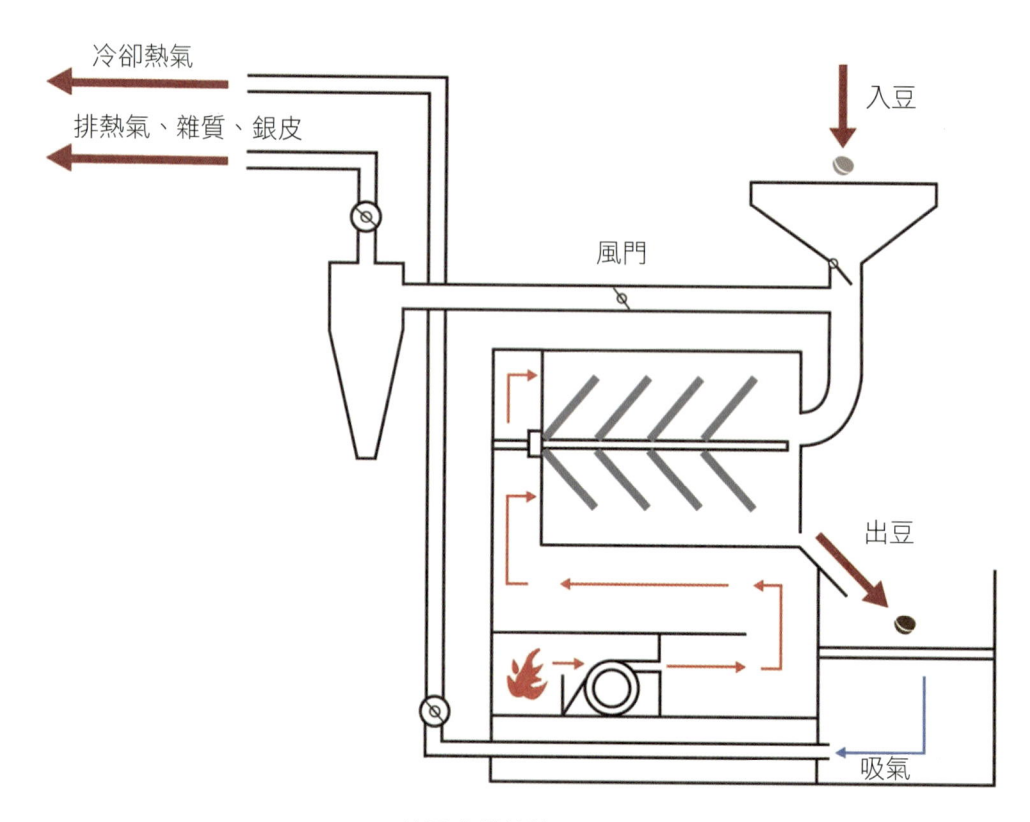

熱風式烘焙機結構圖

以上簡述的這二種不同的類型的烘焙機，大概是專業烘焙機的原型了。當然市面上還有許多不同發明的烘焙機，如半直火式(或稱半熱風式)烘焙機。

此種烘焙機基本上是兼採直火和熱風同時進行，火源一樣仍置於滾筒下方直接加熱，但烘焙時則有幫浦會把熱風往滾筒送，如此滾筒下方直接加熱，使得生豆的受熱能更均勻，比起傳統的直火式的烘焙效率也提升不少。

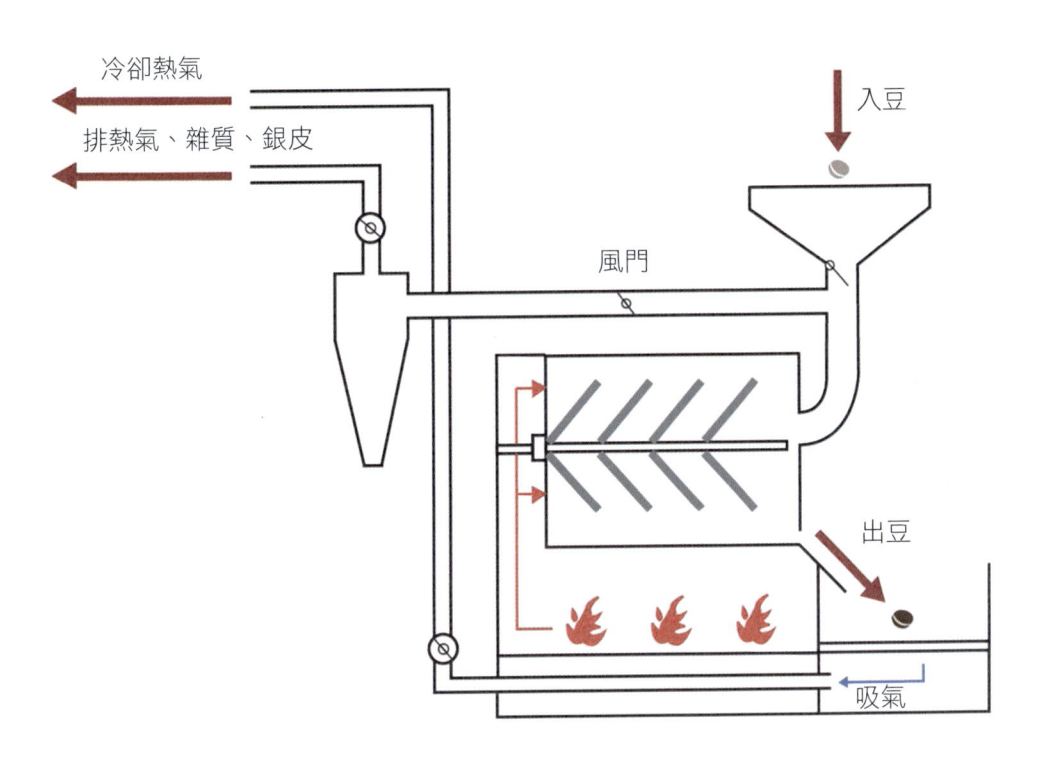

半直火式(半熱風式)烘焙機結構圖

07　烘焙的流程

從咖啡生豆倒入進豆漏斗到烘焙完成，可分為：1. 開機熱鍋 2. 豆子入鍋 (滾桶) 3. 調節火力、風力 4. 檢視火候 5. 出爐冷卻等五個步驟。

1. 開機熱鍋

每天開始炒豆子前，要先把烘焙機各開關全部打開，以確定所有的馬達開關都在正常狀態。開火熱鍋是烘焙第一鍋咖啡時很重要的工作。需把滾桶確實加熱到 200℃ 後，關閉一道火源，使溫度降至 150℃ 且風門要全開，才讓咖啡生豆從進豆漏斗滑入滾桶內，此時溫度會降至約 70℃~80℃，穩定下來後再開第二道火源 (風門全開) 開始烘炒。熱鍋的工作可使滾桶的內部爐壁積儲相當的熱能，可加速豆子受熱。

2. 豆子入鍋 (滾桶)

當滾桶加熱到適當的溫度時可進豆子。生豆難免會含有灰塵、豆殼、石子、鐵片等雜物，故豆子要進滾桶時要把風門全開，較輕雜物會直接吸入集塵桶。

3. 調節火力、風力

調節火力、風力的動作就像炒菜，何時要用大火？何時要用小火？什麼時候要加鍋蓋？什麼時候要掀鍋蓋一樣？其巧妙之處在於烘焙師的運用技巧。

4. 檢視火候

咖啡豆在滾桶加熱到 190℃~200℃ 時會開始第一次爆裂，此時風門要半開，且關閉一道火源。此後豆子的變化會變得很快，此時烘焙師要隨時檢視滾桶內咖啡豆顏色的變化。當烘焙程度在接近烘焙師要求的烘焙程度前瞬間，就要熄

火，關閉第二道火源，但不急於下豆，要咖啡豆在滾桶內停留一段時間，利用鍋內的餘溫來悶咖啡豆，使咖啡豆的香氣、風味更柔順。

5. 出爐冷卻

當咖啡豆已烘焙到所需的烘焙程度時，立即讓咖啡豆快速掉落到冷卻盤內冷卻。但冷卻馬達要事先開到全速狀態，讓咖啡豆有充沛的冷空氣來冷卻。如冷卻得越快，就能保住咖啡香氣與甘醇。

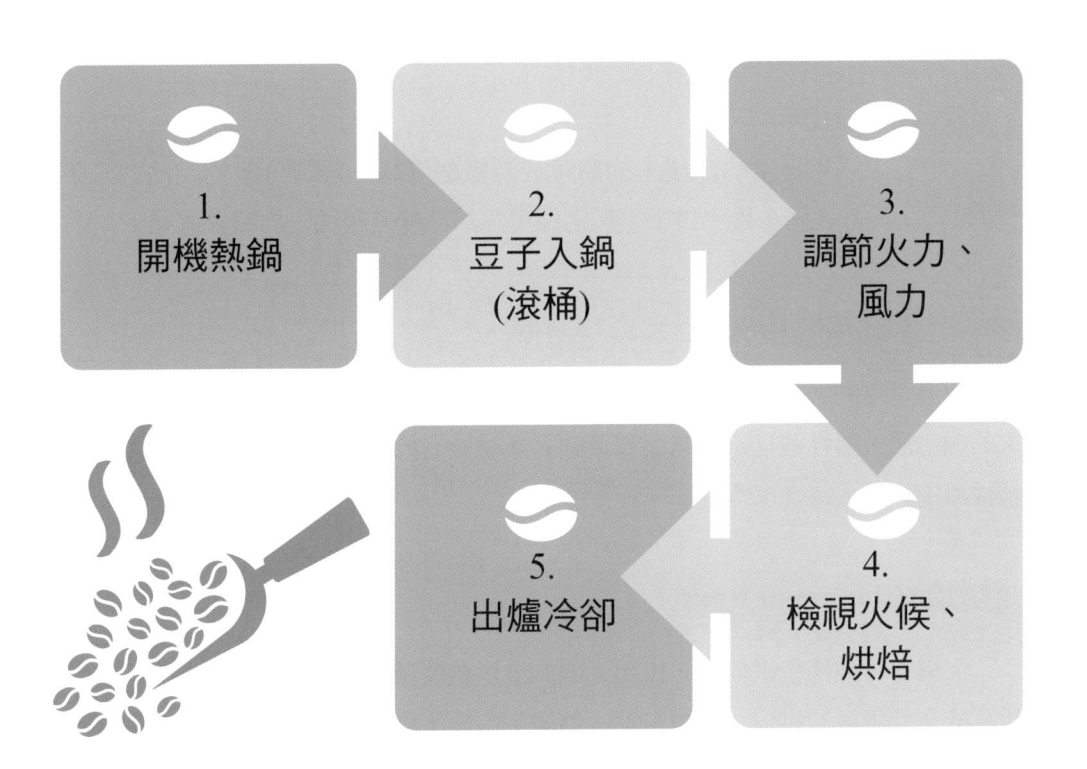

1. 開機熱鍋 → 2. 豆子入鍋（滾桶）→ 3. 調節火力、風力 → 4. 檢視火候、烘焙 → 5. 出爐冷卻

08　咖啡烘焙程度的分級

咖啡豆因烘焙程度的深淺，約略可分為數個等級。儘管分級的說法各家不同，但都大同小異。以下是較常採用烘焙深度分級法，約略敘述如下：

極淺烘焙 (Light Roast)

極淺烘焙的咖啡豆拿近鼻子聞時，咖啡豆的青草味十分明顯。此級所沖泡出來的咖啡液，酸性強且帶澀味與青草味，咖啡該有的風味發揮尚不完全，故極少被採用。

淺烘焙 (Cinnamon Roast)

又稱作「肉桂色烘焙」，比起上面的淺烘焙要深一些，但香氣中仍帶有一些青草味。此等級的烘焙，大概在第一爆發生前即下鍋 (下豆)，所以要烘焙得好並不簡單，火候和時間如控制不好，咖啡豆的風味發揮便不完全。

由於此等級的烘焙極易產生烘焙不完全的情形，且此時的咖啡酸性仍強，故除非特殊要求，一般市面上也很少見到肉桂色烘焙的咖啡豆。

中度烘焙 (Medium Roast, Regular Roast)

這個烘焙等級市面上較常見。一般我們所見到的較淺的烘焙大概都以此等級為起點，在第一爆後即馬上下鍋 (下豆)。

它的好處是咖啡的酸性不那麼強，香氣的發展良好，而咖啡豆又不會因過久

中度烘焙的咖啡豆

的烘焙而失掉了原有天然的風味。所以很多高級的咖啡如牙買加藍山、夏威夷可娜等等，為保留其原有特殊的風味，都常採用此等級的烘焙深度。

中深度烘焙 (City Roast, American Roast)

又稱作「都會烘焙」。此級的烘焙，大體上都是經過完整的第一爆之後，在第二爆未發生前下鍋的，所以比起上述的中度烘焙來說，咖啡豆風味的發展較易掌握，且酸性也少了一些，所以許多單品咖啡均採用此級的烘焙深度。

一般我們說的美式咖啡，通常便是此等級的烘焙深度。另外，常見的哥倫比亞豆以及巴西豆也多烘焙至此程度。

深度烘焙 (Full City Roast, Dutch Roast)

又稱作「全都會烘焙」。此級和上述的中深度烘焙相近，差別在於此等級的烘焙深度大概都是經過第二爆之後下鍋的，所以比較起來顏色更深 (呈深棕色)，酸味也變得更少了 (幾乎無酸味)，而且已有淡淡的焦味和明顯的苦味產生。

中深度烘焙的咖啡豆

咖啡小語

　　咖啡烘焙的理論與主張其實很多。在時間和火候的控制上，就有快烘和慢烘等二種頗為對立的看法。另外，在烘焙程度的深度上來說，也有淺焙和深焙二種不同的堅持。美國著名的畢特先生 (Alfred Peet，美國畢特咖啡的創始者) 便是主張深焙最具代表性的人物。

　　對於此點，個人則採折衷融合的看法。不同的咖啡有不同的屬性和不同的風味，烘焙的深淺若能做不同的搭配，或許對咖啡豆來說，才能得到最佳的詮釋。

　　上面談到的美式咖啡或哥倫比亞、曼特寧、摩卡、古巴等單品咖啡，也有很多是烘焙至此等級的。對不喜歡咖啡酸味的人來說，這個烘焙等級或許更適合些，但對那些喝完仍要享有美好餘味的老咖啡客來說，烘焙到這個深度卻可能已把它給破壞了。

　　另外，市面常見的綜合咖啡，也多是屬 City 與 Full City 這兩個等級的。

圖為義式烘焙的咖啡豆 (Espresso)

義式烘焙 (Italian Roast, Espresso Roast)

進入這個烘焙深度，咖啡豆的顏色更深、更黑了，而且表面也會有輕微的油脂滲出。一般而言，義式烘焙的咖啡豆喝起來已是沒有酸味的，取而代之的是較強的苦味和醇味。

通常我們常見的 Espresso (義大利濃縮咖啡)，烘焙深度都是在此等級的。

法式烘焙 (French Roast, New Orleans Roast)

此烘焙等級的咖啡豆苦味極強，並不適合單純飲用；但因濃稠度更高，所以頗適合做花式咖啡。

圖為法式烘焙的咖啡豆

常見的花式咖啡，如拿鐵、卡布奇諾等等所用的咖啡豆，很多都是此程度的烘焙的 (如南義大利或法國西北部之諾曼第)。

特黑烘焙 (Dark French Roast)

到達此深度的烘焙，咖啡豆表面上早已滿布油脂，而顏色也呈現深黑色。

以品嚐咖啡的角度來說，這個等級的烘焙過深，以致於許多咖啡該有的風味都焦化了，並不是一個值得採用的烘焙法。此種烘焙深度，目前在中東如土耳其等地仍時而可見。

另外，生豆經過高溫烘焙時會進行一連串的分解與聚合作用後，組織便會膨脹而形成蜂巢般的海綿狀。也就是由空洞與洞壁以及纖維的部分所構成。洞壁中除了有酸、苦與咖啡獨特口感的成分外，同時還包含些許不好喝的成分。這些令人不愉快的成分，用一般溫度的水 (低於 70℃) 來沖煮並不會釋放出來。但以高溫或長時間浸漬在水中，就會釋放出來。

咖啡小語

　　以目前我們所能知道的科學證據來說，咖啡豆的烘焙深度，基本上和咖啡因是沒有可靠而明顯的關聯性的，也就是說咖啡中的咖啡因並不會因烘焙程度的改變而變多或變少。

　　有些人會以為愈苦的咖啡其咖啡因含量愈高，甚至一直認為義式濃縮咖啡 Espresso 的咖啡因一定很高。這是一個錯誤的觀念，咖啡因的高低，最重要的還是取決於咖啡豆的份量、品種和沖煮的方式。

09　咖啡豆烘焙中的質變反應

咖啡豆的主要成分有碳水化合物、蛋白質、脂肪、礦物質、水分、有機酸及精華部分 (目前食品科學家尚不知是甚麼成分的物質)。這些成分 (元素) 一但受到一定程度的熱 (約 170℃~205℃) 馬上會產生焦糖化反應及梅納反應。

1. 焦糖化反應

　　咖啡中的碳水化合物 (醣類) 在加熱至 170℃~205℃ 時會進行焦糖化反應。即蔗糖脫水後，由無色變為褐色，味道苦中帶甘甜，並衍生出上百種芳香物質。所以碳水化合物含量越高咖啡越甘醇。

2. 梅納反應

　　咖啡中蛋白質的胺基酸在烘培時與葡萄糖、果糖、麥芽糖等還原糖，於加熱過程中相互持續進行分解與聚合作用而產生的芳香化合物，再持續加熱與水分發生水解作用，再度分解、聚合作用而產生更多的芳香化合物。這些芳香化合物很容易揮發，所以烘培時一定要以最短的時間，且溫度以咖啡豆能有效化學變化的最低溫度為宜。

　　由前述可知，焦糖化反應是增甘苦、梅納反應是添香濃。

10　咖啡豆與烘焙程度的關係

　　啡豆可分為剛採收下，半年內的「Current crop」，採收後第一年為「New crop (新豆)」，次年的咖啡豆為「Past crop (舊豆)」以及隔年的為「Old crop (老豆)」。這些豆子有各自的特徵，「新豆」含水分多，若沒有較扎實的烘焙技術，則烘焙出的咖啡豆會帶有強烈的酸味與澀味。「舊豆」所含的水分會微少一些，烘焙起來會比新豆來得容易，但味道、香氣會較不明顯。「老豆」所含水分減少相當多 (豆子泛黃)，味道和香氣幾乎都快消失了。

　　咖啡生豆原本就有「酸味」的味道，「苦味」成分幾乎要在烘焙之後才會表現出來。隨著烘焙程度的加深而「酸味」漸漸消失，「苦味」則漸漸明顯加深，且有給人愈「苦」的感受。儘管生豆的品質良好，如不做適當的烘焙，必將一切歸零，前功盡棄。

　　所以咖啡的味道、香氣依生豆的年份、特性、品質和烘焙方法、烘焙程度的不同而產生很大的不同口感與風味。

　　如淺烘焙的豆子所含的香氣成分較高，風味變化明顯。深烘焙的豆子所含的香氣成分較低，風味較穩定。中、淺焙豆，若沒有烘焙好，容易出現青草味與澀感。深焙豆因已碳化產生焦味，所以不能靠香氣來評斷而是靠味覺 (口感) 舒暢度來決定好壞。

咖啡小語

　　咖啡豆放在特殊通風的倉庫裡等待季風，季風會讓咖啡豆的體積變大，發酵成熟。風漬的過程需要不斷的將咖啡豆翻面，確保豆子完整浸漬在潮濕的海洋季風裡。大概過程 12~16 個月後，咖啡豆會膨脹兩倍，顏色也會變成略帶灰白的黃金色，稱為「季風豆」。經過烘焙後會帶着焦糖甜味和菸草香，這種風味就像是吹着海風喝咖啡一般。

第八章

咖啡的萃取（冲煮）

好的咖啡豆，
需要良好的沖煮技巧與正確的沖煮工具
來詮釋咖啡完美的風味。

01 何謂萃取？何謂「均勻萃取」？

所謂萃取，乃以水為媒介，讓物體內的可溶性成分得以溶出、釋放。

「均勻萃取」—將咖啡豆中「令人愉快的風味成分」盡量釋放到熱水中；而同時將「令人不愉快的風味成分」釋放較少。

02　簡介各種沖煮咖啡器具之沿革

由貴族走入大眾的飲料——咖啡

十七世紀初期,最早由義大利人自中東進口到歐洲,隨後荷蘭人跟進。早期喝咖啡是為了提神醒腦 (pick-me-up),沖煮的方法如同它的原產地一樣,咖啡豆經過烘焙、研磨、最後放入水裡煮開數回而散發出強烈香氣的飲料。如此沖煮方法需要有相當程度的咖啡品質,因此極為昂貴,不是一般大眾所能負擔。但隨時

(圖片取自 Coffeemarkers 一書)　　1880 年俄式銅製反轉式咖啡機,五杯份。

間而改變，咖啡於歐洲已隨處可見。而且在二十世紀末前，咖啡屋在許多城市已成為人們見面、聚會的主要場所。尤其威尼斯、巴黎、維也納。

　　為了吸引顧客，投入許多心力於改進烘焙、研磨和沖煮器具的技術上。十八世紀初，最早的沖煮咖啡器具是在奧地利、義大利和法國發明製造的。以前將咖啡粉末裝在袋裡，浸泡於煮沸的熱水中，直到咖啡滲透出它的味道，後來人們想出巧妙的擠壓咖啡袋，不弄破袋子以取得咖啡的主要精華而又可避免過於強烈。當時還有一種將咖啡透過一塊稱為 Biggin 的布料滴漏出的調製法。

　　十九世紀初，咖啡呈現無法阻擋的發展優勢，公開或私人的咖啡屋隨處可見，因而產生一股改進其品質而且需要保持它的熱度和隨時方便提供服務的需求。

　　大約在 1836 年第一個真正的咖啡機產生了，以酒精加熱的龐大滴濾器，不但可以保持咖啡的熱度而且具有栓嘴，將咖啡直接注入於杯子裡，在義大利拿坡里人製造的咖啡壺大受歡迎。另外還有較不為人知，但同樣好用的米蘭壺。德國和奧地利的咖啡沖煮器具採用了虹吸 (Syphon) 和浸透過濾 (Percolation) 的原理。在法國則停留在忠於傳統的滴泡 (Drip)。而北美地區則採用了各種方式，其中浸透過濾方式最受歡迎。

1930 年法國酒精加熱之銅製咖啡機

1860 年義大利威尼斯酒精燈式沖煮的咖啡機

03 沖煮一杯美味咖啡的條件

要沖煮一杯美味香醇的咖啡，基本條件不外乎以下幾項：

1. 新鮮且優質的咖啡豆
2. 選對沖煮器具
3. 良好的研磨機及正確的研磨
4. 溫度控制得宜
5. 好水 (pH 值在 5.5~7.5 之間)
6. 沖煮的時間正確
7. 愉快的心情

除了基本條件外還要再理解咖啡萃取的基本概要。

咖啡萃取時必須考慮粉量、顆粒度、萃取時間、水溫等影響香味、口感的因素。

1. 粉量：粉量多就會煮出較濃稠的咖啡，粉量少就會煮出較淡薄的咖啡。所以粉量多寡因個人喜好而有所不同，不能一概而論。
2. 顆粒度：配合想要表現的香味而變動。研磨的越細，則粉粒會塞住濾紙而使熱水慢慢滴落，所以會煮出又濃又苦的咖啡。顆粒粗則熱水滴落會快，而因萃取不足，所煮出的咖啡會較淡薄。如此，顆粒度會影響口味。
3. 萃取時間：萃取時間越長，則成分的萃取愈多，於是香味會明顯，苦味比酸味多。反之，萃取時間較短，則會萃取不足而使口味微酸。因此要有適當的萃取時間。

4. 水溫：88℃~95℃ 都可沖煮咖啡，但水溫 92℃ 最適宜。熱水的溫度越高，則成分的萃取越快，苦味的比例會升高，反之溫度較低，萃取的時間會拉長。溫度如果低於 88℃ 就需拉長萃取時間，但即使拉長時間，其香味的質也會有些微的變化。

咖啡的萃取，必須理解這些因素的相互關係，試做各種各樣的不同的組合，而找出自己所喜好的味道。

04 沖煮咖啡的方式及圖解

伊比立克壺 (Ibrik)

是一種有著長柄的銅壺,用來沖煮土耳其咖啡。使用時先將深烘焙的極細研磨咖啡粉放入銅壺內加水,然後直接在火爐上加熱。當壺內產生泡沫時,先離開火源;如此再反覆兩次,讓泡沫均勻,最後一次時將咖啡壺拿開,即完成了沖泡的動作。

此種沖泡法壺內總是濃稠不已,咖啡殘渣會留在壺底,所以用此種壺來沖煮咖啡會產生非常多的咖啡因,但在中東目前還是非常的流行。

圖為已有古董價值的銅製長柄伊比立克壺 (現代使用的伊比立克壺皆為白鐵鍍銅的材質)。

(圖片取自 Coffeemarkers 一書)

拿坡里濾壺 (Neapolitan)

早期 Espresso 咖啡機未出現時，此種拿坡里濾壺是用來沖煮義大利濃縮咖啡的器具。該壺分為上、下兩層，其材質通常為鋁製品，因此沖煮出來的咖啡會帶一點金屬味 (鋁)。

使用的方法是：先將冷水放置於下層 (有握柄) 的壺中，再將五或六茶匙 (約 15g) 的細研磨咖啡粉放置於中間的過濾網中。當水滾了，其蒸汽會衝向過濾網，此時便將濾壺移開火源並瞬時將濾壺上下倒轉過來，讓滾水進入咖啡中，如此咖啡的沖泡即已完成。

用此法沖煮咖啡有一個缺點要特別注意，倒轉拿坡里濾壺不是很容易的事，一不小心雙手常會被滾燙的咖啡燙傷。

圖為古董級的拿坡里壺 (約西元 1840 年左右，圖片取自 Coffeemarkers 一書)

摩卡壺 (Moka)

　　這是一種設計簡單且造形優美的非電動濃縮咖啡機。首先將冷水倒入下層壺裡，用細研磨咖啡粉置於中間網籃裡，鎖上上層壺罐後置於火源上 (中火) 加熱，即可煮出極為香濃的濃縮咖啡。但因其蒸汽壓力有限，所以咖啡的美味打折扣。

圖為古董的摩卡壺

圖為新式的摩卡壺

摩卡壺操作圖解

1 將咖啡粉置入於咖啡槽

2 於下壺注入冷水

3 上下壺密閉旋緊

4 置於爐火上

第八章　咖啡的萃取（沖煮）

濾紙滴泡式 (Mellita)

簡單來說又叫濾泡式,是西德 Mellita 夫人所發明的。其沖泡方式流程如下:

1. 將濾紙邊緣封緘部,分別朝不同方向折好,打開濾紙便會自然撐開。將過濾器放在玻璃壺上,再將濾紙套在過濾器上 (如圖 1、2),把咖啡粉置入濾紙內並適度搖勻,咖啡粉中央挖一小洞,直徑 3 公分深度 1 公分 (如圖 3、4、5、6、7)。用一隻細口水壺加熱水至 92℃~93℃ (用溫度計量),注入少量開水約 20cc 於小洞內,悶煮 25 秒,使產生「水道」之功能,再注入約總注入量的 20% 水覆蓋咖啡粉並悶煮 30 秒 (如圖 8)。

2. 由濾器中心部以同心圓向周邊部分均勻地注入開水 (如圖 9)。咖啡粉之粒子會因注入的開水而膨脹變輕,之後化成無數的小氣泡浮在表面上。開水因自身的重量及水流的沖力便適度地溶出咖啡內之成分而自然往下流入咖啡壺,同時香氣也往上散發出來 (如圖 10)。

3. 因第一泡開水而膨脹至最大的咖啡粉表面會發黑,約 30 秒後水溫降為約 90℃ 時,開始第二次注入水沖泡,讓咖啡粉全體均勻地被沖泡出來 (必須均勻沖入開水),則咖啡粉表面會泛起白色泡沫,最後會將其表面全部覆蓋住,第二泡以後,咖啡粉的粒子會吸收開水,反覆進行萃取運動)。咖啡粉的二氧化碳排出,泡沫的顏色會越來越淡而轉變成白色,是為沖泡完成 (如圖 11)。

第八章 咖啡的萃取（沖煮）

125

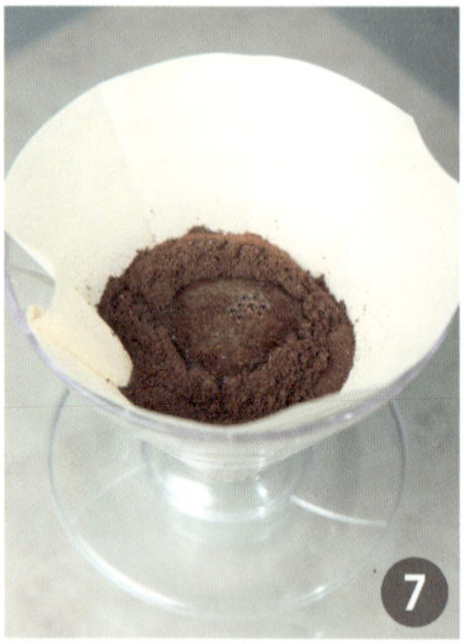
7

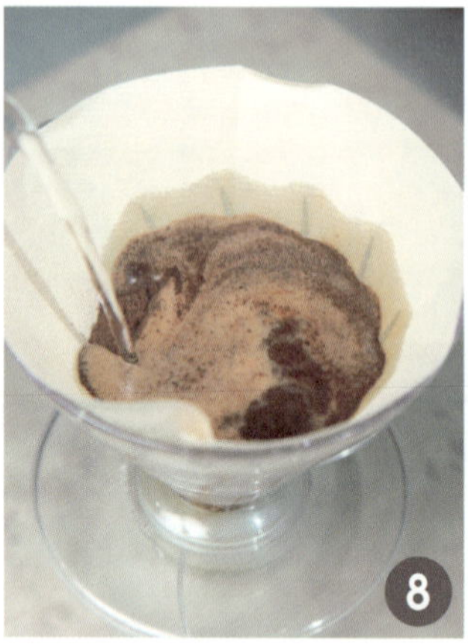
8

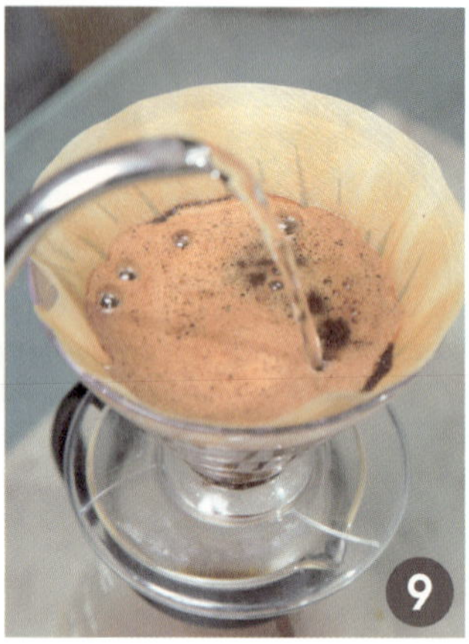
9

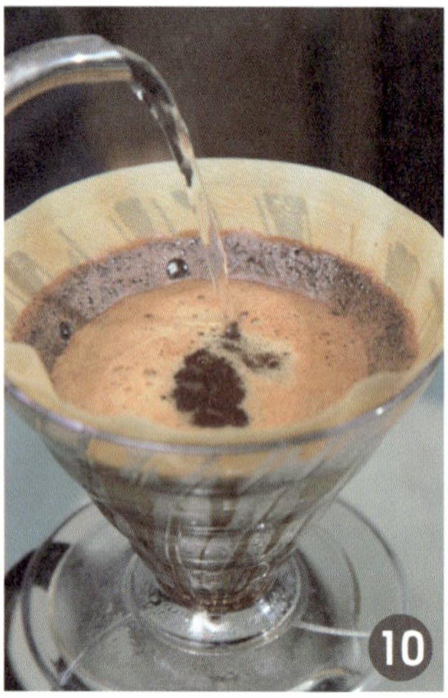
10

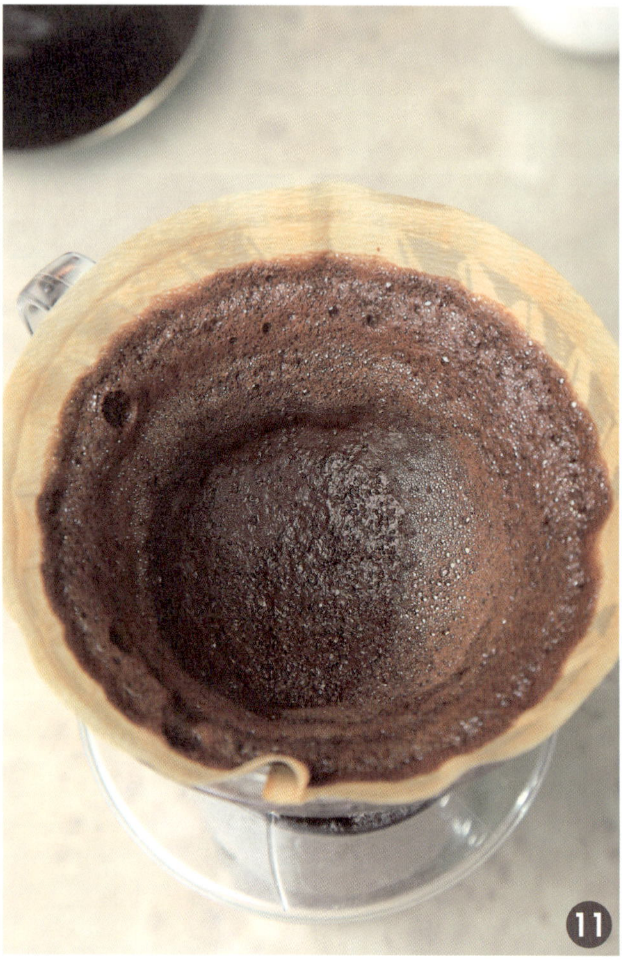
11

法式濾壓壺 (French Press)

1947 年由法國人洛林所發明。是由一種圓柱形的玻璃容器與蓋子所組成，蓋子的中央有一個可以上下推拉的濾網，如下圖。此種咖啡壺的使用方法是將粗研磨咖啡粉倒入壺內，再將 95℃~96℃ 的熱水注入，用乾淨的攪拌棒攪拌一下，再浸泡 2~3 分鐘，確定咖啡粉完全浸到水後，壓下中心軸過濾掉殘渣，就可以泡出一杯完美的法式咖啡，這樣沖泡出來的咖啡液雖然有點混濁，但也最貼近咖啡豆本身的原味，故此法較適合高品質的咖啡豆，如藍山、可娜、肯亞AA…等。

圖為現代的法式濾壓壺

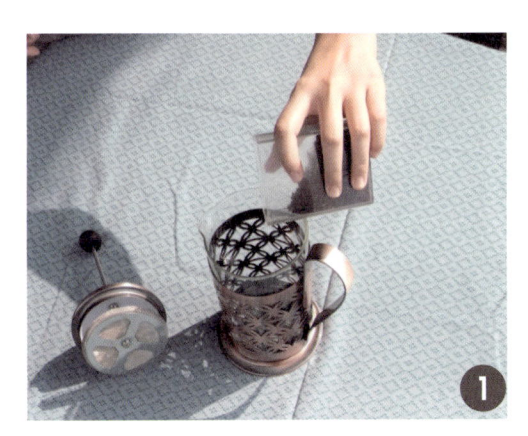

① 倒入咖啡粉 (粗研磨)

② 注入 95℃ 開水

③ 靜置 2 分鐘後用攪拌棒輕壓咖啡粉

④ 蓋上濾網

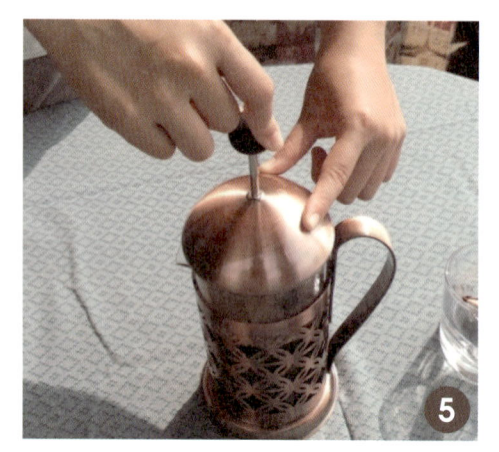

⑤ 慢慢壓下濾網

⑥ 打開濾網完成沖泡

⑦ 倒出咖啡液

⑧ 香醇美味咖啡

虹吸式或真空壺 (Vacuum Syphon)

　　1830 年由英國 Robert Napier 所設計，採用玻璃球狀體 (Glass Globe or Balloon) 以虹吸和過濾或真空的器具來沖煮咖啡。真空壺的原理是採用蒸汽壓力，使得水得以往上流，但時間掌控非常重要。使用方法 (步驟) 如下：

1 研磨所需的咖啡豆 (如圖 1)。

2 下壺注入所需的水，並擦乾下壺外表 (圖 2)，並置於瓦斯爐上 (圖 3)。

3 將有濾布的過濾器之鍊條垂直放入上壺導水管內，拉出彈簧掛勾，勾住導水管的管口固定 (圖 4、5)。

4 將此上壺以傾斜 30 度的角度，插入下壺口，暫靠在壺邊，由橡膠撐住 (圖 6)。

5 開大火，下壺的水煮到泡泡大量出現且大滾後，立刻把上壺套入下壺，必須緊密結合 (圖 7)。

6 當下壺的滾水由虹吸導管把一半的水往上吸時，隨即倒入咖啡粉，同時將瓦斯調為中火 (圖 8)。

7 導入咖啡粉後，用攪拌棒以左右交替半圓周式向下壓，輕輕攪動 (圖 9)。

8 第一次攪拌完先停 15~20 秒再攪拌一次，過了約 15 秒插入攪拌棒到 2/3 的深度，左右交叉畫半圓並關火源，再畫圓圈 3~4 圈後快速用冷濕布包裹下壺 (圖 10)，讓咖啡液快速下降，避免過度萃取。

實用咖啡學

130

第八章 咖啡的萃取（沖煮）

美式電動咖啡壺 (Electric Percolator)

　　第一台電動咖啡壺於 1827 年由法國人奧古斯丁所發明。藉由中間管子讓水往上升，水噴灑到咖啡粉的中間未能噴灑到全部，且加熱速度太快，沖煮出來的咖啡輕淡，略微酸，味道較不濃郁。

　　電動咖啡壺雖有上述的缺點，但由於易於操作，沖泡者幾乎完全不必費心卻是其最大的優點。而且，如果咖啡粉與水的比例正確，則每次沖煮出的咖啡品質最穩定。

圖為商用型美式電動咖啡壺，常為大飯店所採用。(圖片來源 BUNN 提供)

圖為美式家庭用電動咖啡壺

義式濃縮咖啡機 (Espresso)

在 1901 年米蘭工程師 Luigi Bezzera 設計出用水蒸汽壓力原理來沖泡咖啡；但於 1903 年由另一個人 Desiderio Pavoni 申請專利。到了 1938 年由米蘭人 Cremonesi 發展用活塞 (piston) 來增加壓力。到了 1945 年 Achille Gaggia 改良了機器裡的活塞，增加一個彈簧設備，並獲得 Cremonesi 的遺孀 Signora Scorzz 之同意，於 1946 年申請了專利。

Gaggia 的改良，在壓力的作用下，水產生熱交換的作用，當加熱 90℃ 時壓力可達到 9~15 巴 (每平方吋約 130~220 磅)。水碰到過濾網內的咖啡粉時，溫度降到 85℃ 左右，且能在恆溫、恆壓下均勻接觸到全部的咖啡粉，如此較易沖泡出極佳、美味的咖啡。

由於此種方式所沖泡出的咖啡是極濃的濃縮咖啡，某些人並不適合飲用，因此有人加入鮮奶及奶泡，便成為時下最流行的 Cappuccino 及 Coffee Latte。

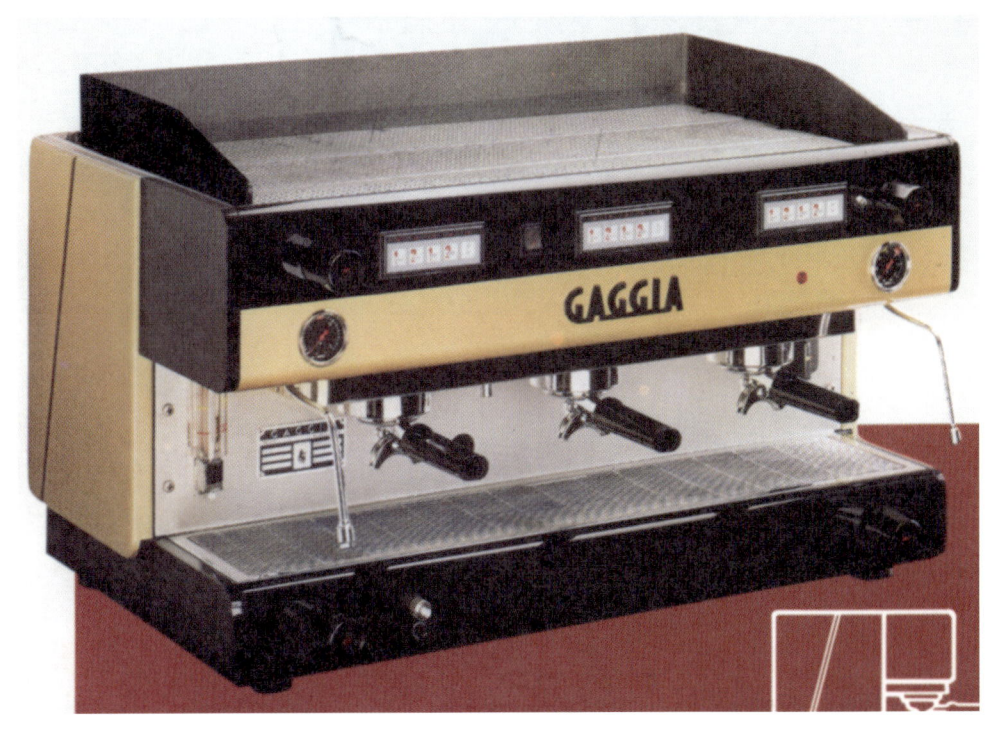

圖為典型的義式半自動咖啡機

耳掛式咖啡

　　耳掛式咖啡的風行是這三、四年來才興起的新產品。此種沖泡方式是為繁忙的工、商業人士或出遠門旅行者。雖然方便使用，但有其缺點是沒辦法充分萃取，所以咖啡風味較淡。

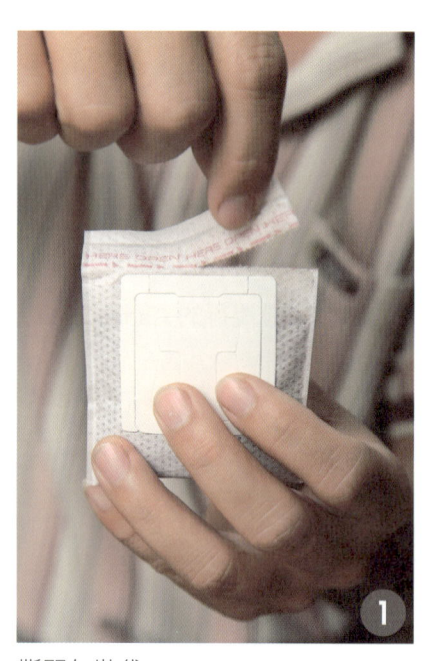

撕開包裝袋

拆開包裝袋取出掛耳咖啡包後先左右輕輕搖晃，使咖啡粉較平整均勻。

把掛耳平衡掛在杯上，要小心掛穩，避免注水時滑動而失敗。

把咖啡粉掛耳連同咖啡杯輕敲數下，讓咖啡粉之間的空間縮小密度增加。

注水時用繞圓圈方式慢慢注入，第一次水量先注入三～四分滿，直到水蓋過咖啡粉後靜置 20 秒醒出香氣。

掌握繞圓的注水原則持續多次注水直到掛耳袋八分滿深度，均勻萃取咖啡。

再次注水直到咖啡萃取完畢後，靜置 30~60 秒，再將耳掛袋取出即完成沖泡。

下層的咖啡液比較濃，品嘗前要先用湯匙攪拌均勻，咖啡味道才會平均。

05　咖啡豆的研磨及研磨機介紹

咖啡豆的研磨

　　除了依咖啡豆類別及烘焙程度來慎選沖泡 (煮) 器具之外，咖啡豆的研磨方法和研磨機也都不能疏忽，因為若研磨不均勻，即使最好的優質咖啡都會變得難以入口。

　　研磨的程度可分為極細磨粉末型、細磨粉末型、中磨粉末型及粗磨粉末型。

圖為手搖磨豆機

而每一種研磨程度都需配合不同的沖煮方式，如極細磨粉末型通常用來沖煮土耳其咖啡；細磨粉末型用以濃縮咖啡機來沖煮，如義大利 Espresso；中磨粉末型，適合以濾泡式或適合虹吸式 (Syphon) 來沖煮，當然亦可適用於美式電動壺；粗磨粉末型之咖啡粉適用於法式濾壓壺。

磨豆機大致可分為螺旋槳式磨豆機 (Cutting Mill)、鋸齒式磨豆機 (Burr Mill) 及手搖式研磨機。

1. 螺旋槳式磨豆機

是使用馬達轉動螺旋槳式的刀片，將咖啡豆削成粉末 (粒)，而不是用磨的方式。因研磨時會產生高溫、研磨不均且無法設定研磨度 (粗、細)，所以不建議使用這種螺旋槳式磨豆機。

2. 鋸齒式磨豆機

依多年來累積的經驗，要沖煮一杯美味咖啡，磨豆機比咖啡機還要重要，所

圖為鋸齒式電動磨豆機

磨刀盤的種類

圓錐式磨刀盤　　轉速較慢，比較不會產生高溫，對咖啡粉的影響較少。

平面式磨刀盤　　平面式磨石盤比較容易產生高溫，多少會影響咖啡粉的品質。

以建議使用較高級的「鋸齒式磨豆機」。因為它能快速而穩定地磨出均勻的咖啡粉 (粒)，幫助你煮出較美味的咖啡。而且操作方法簡單，並能設定研磨度及研磨時間。

此外，鋸齒式磨豆機的磨刀有兩種形式：一為平面式的鋸齒刀 (Flat Burrs)，一為立體的錐形鋸齒刀 (Conical Burrs)。

平面式是由兩片環狀的刀片所組成，周圍上布滿鋒利的鋸齒。錐形式的磨豆刀由兩塊圓錐鐵所組成 (一公一母)，錐鐵表面布滿鋸齒。

錐形鋸齒刀所產生的摩擦溫度最低，最不會影響咖啡的原味，也最能形成均勻的研磨。高價位的專業商用研磨機與手動式研磨機，都採用錐形鋸齒刀。

磨豆機的功率 (Wattage) 也很重要。功率較大的磨豆機，研磨速度較快，咖啡粉停留時間較短，所以受磨豆機的溫度影響較少，咖啡香味的揮發較少。

3. 手動式研磨機

多年來，手動式磨豆機的設計皆沒有改變，內部的磨刀並不是刀，而是一塊有角度的錐形磨鐵，以輾壓的方式將咖啡豆磨碎。

此法類似古代的研缽和搗杵，最能留住咖啡的香醇，但研磨速度不快，手搖磨豆機有點辛苦，雖能研磨出顆粒均勻的咖啡粉，但不能磨出細粉末，所以不適合濃縮咖啡 (Espresso) 愛好者使用。

專為大量磨豆設計的專業用磨豆機

研磨度

要沖泡一杯芳香、甘醇的好咖啡，研磨度對咖啡的品質的影響最大。一般咖啡的研磨度須依咖啡烘焙程度及所使用沖泡工具而有所區別，粉粒由細到粗，研磨度依範圍大致可分為以下幾種：

1. 極細研磨 (Espresso grind)：適用於土耳其壺及濃縮咖啡機。
2. 細研磨 (Find grind)：適用於摩卡壺及濃縮咖啡機。
3. 中度研磨 (Medium grind)：適用於虹吸式、滴濾杯及美式咖啡機。
4. 粗研磨 (Coarse grind)：適用於法式濾壓壺。

前文已略述沖煮出一杯完美的咖啡，沖泡 (煮) 器具的選擇及研磨程度 (種類) 的要求外，咖啡豆的新鮮是最基本的條件。如果沒有新鮮的咖啡豆，再專業的技術、再好的沖泡器具也不能完成一杯美味的咖啡。

其次「好水」也是重要元素。因為一杯咖啡中，水的含量超過 98%，所以水質的好壞關係到咖啡的美味。

水可以分為硬水與軟水，一般硬度略高但又不至於很高的水來沖泡(煮)咖啡較好，因為水中的礦物質能和咖啡內部的物質發生交替效果，而產生較好的口感。

　　這當然是個人的喜好，因為軟水會使咖啡味道變較柔順。但軟水是濃縮咖啡的較佳選擇。因為如果水中有太多的化學成分或有機物質存在，將會導致咖啡機內之水管沉澱而阻塞。這也是為什麼一般濃縮咖啡機都要加一台淨水過濾器的主要原因。

　　至於正確的沖泡水溫最好保持在 92°C 左右最好。要注意的是，100°C 沸騰滾水是不適合直接沖泡咖啡的，他將會燒焦咖啡粉。正確的時間必須依沖泡的器具的種類不同而有所區別：如 Syphon 約 50~60 秒，濾泡式約 3~4 分鐘 (但熱水通過咖啡粉約 20~30 秒)，Espresso 機約 25~30 秒，法式濾壓機約 2~3 分鐘。

　　另外沖泡時的心情將影響咖啡的美味。對此也許會有人持懷疑的態度。然而心情必會影響控制沖泡時間，尤其在使用濾泡式最為明顯表露無遺，因心情不好的人便不能專心控制水壺注入水的穩定度及時間的掌握，如此當然泡不出一杯好喝的咖啡。

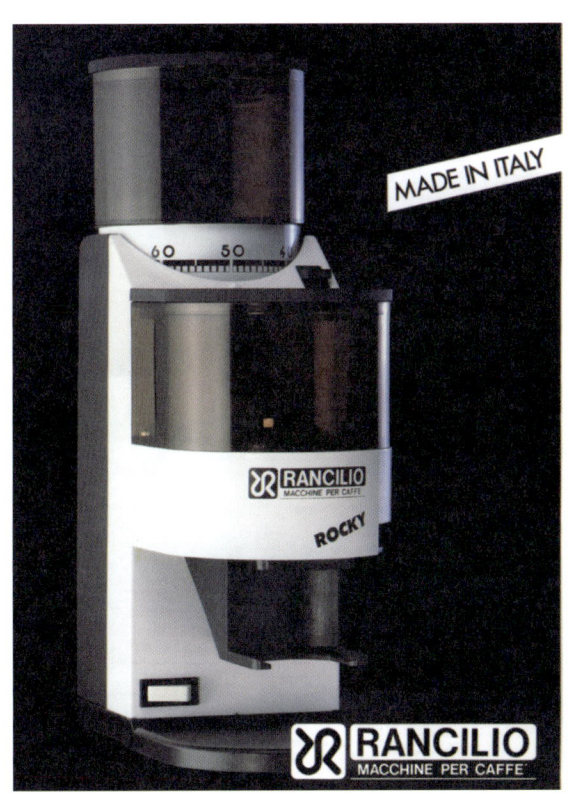

圖為有精密刻度功能的鋸齒式電動磨豆機 (圖片來源 RANCILIO 公司提供)

咖啡小語

水質之探討可分為 (1) 水質軟硬度 (2) 水質的酸鹼值 (pH 值)

(1) 軟硬度 (Water Hardness) 是以 ppm (百萬分之一) 數值高低來決定，亦即水中所總溶解固體物含量。一般以 200ppm 之硬度煮出的咖啡最香，如硬度過低的軟水，咖啡會萃取不足，如硬度過高的硬水，很容易萃取過多的味道，尤其不好的味道。

(2) 酸鹼值 (pH 值)：微鹼水質煮出來的咖啡較香，微酸性水質煮出來的咖啡口感較柔順，pH 值 6.5 最適合來沖煮咖啡。所以說一般偏酸性的水是較軟性，偏鹼性的水是較硬性。

06 濃縮咖啡的沿革與萃取

何謂濃縮咖啡 (Espresso)？

濃縮咖啡是誕生於義大利，在義大利說「咖啡」就是指濃縮咖啡。Espresso = Express，顧名思義，他是一種快速萃取咖啡的方法。

「濃縮咖啡」的使用大約一百年前在義大利用高溫、高壓、快速原理，通過細研磨的咖啡粉，來萃取香濃的咖啡精華－乳脂 (Creama)。這層金黃色的乳脂不僅能鎖住下層咖啡液的香氣，也具有保溫的效果，更增加口感的滑順。

由於濃縮咖啡使用深烘焙 (義式烘焙咖啡豆) 的乳脂來調和，讓他變成「甘苦且香濃」的口感，所以會讓多數人 (尤其歐洲人) 打從心裡喜歡它。

沖煮濃縮咖啡必備條件及標準萃取步驟

1. 要沖煮一杯濃郁芳香的濃縮咖啡其條件有

    (1) 幫浦氣壓：9~11 bars
    (2) 熱水溫度：90℃~93℃
    (3) 萃取時間：25~30 秒
    (4) 萃取液量：25~30cc
    (5) 咖啡粉量：7~8 公克

其中水溫、萃取液之量、萃取時間、咖啡粉量等「數值」會因使用的咖啡豆烘焙程度、咖啡粉粗細度、填壓力道的不同及咖啡機的機種等諸多條件而改變。

2. 濃縮咖啡的標準萃取步驟

(1) 先讓熱水通過出水口—在萃取咖啡之前要先讓熱水通過出水口，可清洗附著在出水口的咖啡粉，並可保溫出水口的過濾器，如圖 ❶。

(2) 研磨咖啡豆—用專用的研磨機研磨咖啡豆，並將咖啡粉均勻填充於沖煮把手之濾器內，如圖 ❷。

(3) 填壓咖啡粉的表面—先用食指將附於濾器邊緣之多餘的咖啡粉抹掉。然後用壓蓋輕壓使咖啡粉平整。

(4) 加強填壓力道—為了使濾器內的咖啡粉毫無空隙，利用體重加諸「填壓器」上。此力道約 22kg，使熱水能均勻地通過所有的咖啡粉。由於力道會影響咖啡的風味，所以每一次填壓都要保持一定的力道，如圖 ❸。

(5) 固定沖煮手把—將已裝有咖啡粉的濾器手把安裝 (固定) 於主機上 (過濾器接頭)。務必要確認是否安裝穩定，如圖 ❹。

(6) 按下給水開關鍵進行萃取—約需 25~30 秒，完成 25~30cc 的 Espresso，如圖 ❺、❻。

濃縮咖啡延伸的另類咖啡文化

有了香濃美味的濃縮咖啡加上牛奶而延展出許多不同風味的咖啡飲品。或許有人認為這樣會改變咖啡原有的風味，其實只要牛奶及鮮奶油的奶量適當就好了。而且能按一定比例來調配，應可以嚐到相當美味的花式咖啡。

各種「花式咖啡」的調配比例

(1) Café Latte (義) 咖啡拿鐵 Café au Lait (法) 咖啡歐蕾

以兩份 Espresso 加上 200~230cc 的熱牛奶組成。

(2) Cappuccino 卡布奇諾

以 1/3 的 Espresso，1/3 的熱牛奶，1/3 的奶泡層組成。

(3) Caffé Mocha / Mochaccino 摩卡奇諾

以 1/3 的 Espresso，1/3 的熱牛奶，1/3 的熱巧克力組成。

(4) Caffé Macchiato 瑪奇朵

在標準的 Espresso (30cc) 上加一些奶泡 (約二茶匙)。

(5) Caramel Macchiato 焦糖瑪奇朵

以 30cc 的 Espresso 加上 120cc 奶泡，然後再其上澆上網狀焦糖。

(6) Espresso con Panna (Caffé Vienne) 康寶藍或維也納咖啡

在標準的 Espresso (30cc) 上加上一些鮮奶油 (約兩茶匙)。據說康寶藍的歷史要比 Cappuccino 及 Caffé Latte 來的要為悠久。因在奧地利的維也納它是傳統的咖啡，所以也稱做 Caffé Vienne。

全世界的濃縮咖啡文化

在世界各國所飲用的濃縮咖啡，採用了各國獨自的方法與文化。所以喝法也不盡相同。

1. 美國—因西雅圖 Starbucks 的開店而擴展濃縮咖啡的風潮，因而改寫了咖啡的歷史與文化。與其照濃縮咖啡的原味喝，不如加入牛奶再喝為主流，還有更添加香料的，如香草、榛果、覆盆子等。
2. 義大利—大多數的人每天上班途中會喝一～二杯原味的 Espresso，且飯後濃縮咖啡也是不可缺少的。
3. 北歐—受義大利的影響，北歐四國都會飲用濃縮咖啡也是日常生活的飲品。

Cappuccino

Café au Lait

4. 日本—受 1996 年 Starbucks 進駐日本及義大利料理流行的影響,使濃縮咖啡被大大的飲用,但加牛奶的拿鐵更受歡迎。
5. 大洋洲—在澳洲、紐西蘭等國的飲用濃縮咖啡也迅速的發展,尤其花式咖啡。
6. 其他如德國、法國、荷蘭,甚至台灣也不能免俗,受義大利濃縮咖啡的影響甚巨。但台灣消費者還是較喜歡加牛奶的花式咖啡,尤其咖啡拿鐵。

第九章

咖啡豆的調配（混合）

01　咖啡豆的調配定義

因有一些咖啡以純咖啡 (單品咖啡) 方式來喝，總讓人覺得平淡無奇、沒有「特殊風味」或覺得「某種味道」難以入口，或者讓人覺得少些什麼，無法讓人滿意。為了彌補這種缺憾，最好用數種 (約三～五種) 不同風味的咖啡豆來混合，以創造出層次感豐富的風味而且口感均衡愉悅的味道。

簡而言之，「混合」是一種活用各種咖啡豆的風味來互補單品咖啡豆的缺陷，讓綜合的味道超越單品的味道。所以說這種調配技巧與烘焙咖啡技巧並列「咖啡味道的技拓法」。

02　調配的基本概念

首先，從杯測[1]去瞭解各種咖啡的特徵(獨特風味)後，才能著手混合。
　　調配的基本在於「創作出何種風味」，因此必須要正確的理解各個咖啡豆所具有的獨特風味。由於各生產國的品種與精製等不同因素，造成風味的多樣化，因此精品咖啡的調配(混合)是需要經驗。
　　從烘焙的觀點來看，可以烘焙到法式烘焙的咖啡豆，如巴西、肯亞、坦尚尼亞等。但如中美洲的豆子就會燒焦與強烈的苦味，顯然不合適。

---

[1] 杯測：咖啡杯測法，下一章節即介紹。

03 調配（混合）時應注意事項

1. 須先弄清楚自己或消費者想喝何種味道的咖啡，且有愉悅的感覺。
2. 由於是由數種不同的豆子來調配，所以一定要瞭解每一種咖啡豆的獨特風味與任務(互補作用)。不是不加思索地隨便把豆子混合在一起。
3. 一定要熟知各種咖啡豆烘焙到何種程度會有何種味道，如此才能計算混合比例之方程式。
4. 謹記保持穩定的口感，創造出新口味。

　　調配咖啡豆不論在何種情況下，每次都要保持同樣味道。如果味道不能穩定，即失去調配綜合咖啡的目的。

　　因單品咖啡難以表現的特殊風味及全新的口感，所以要利用別種咖啡豆的特色來創造香氣與口味要比單品咖啡更有深度的綜合咖啡，唯酸味、濃醇與香氣三者相互平衡，並能讓大眾消費者所認同與接受。

04　調配（混合）咖啡豆的應用

調配是以「想像的風味、口感」來決定。縱使生產國或生產地不同，只要風味相同就可以了，並不是以何地的豆子，而是以確定的「風味」為基準，予以混合。但前題為擁有確實的杯測技術。

以下實例以供參考：

1. 瓜地馬拉 30%、哥倫比亞 30%、坦尚尼亞 30%、肯亞 10% 以上四種豆子皆用城市烘焙 (City Roast)。
2. 巴西 40%、瓜地馬拉 30%、多明尼加 20%、黃金曼巴 10% 以上巴西、瓜地馬拉與多明尼加為城市烘焙，黃金曼巴為深烘焙。
3. 坦尚尼亞 25%、瓜地馬拉 25%、哥倫比亞 20%、哥斯達黎加 20%、肯亞 10%，以上肯亞為全城市烘焙 (Full City Roast)，其餘為城市烘焙。
4. 耶加雪非 30%、巴西 40%、哥斯達黎加 30%，以上皆城市烘焙。
5. 羅布斯塔 10%、曼特寧 15%、巴西 30%，摩卡 15%、哥倫比亞 30% 以上羅布斯塔、曼特寧為全城市烘焙，其餘為城市烘焙。
6. 巴西 30%、藍山 40%、哥倫比亞 20%、羅布斯塔 10% 以上藍山為中度烘焙，羅布斯塔為全城市烘焙，巴西、哥倫比亞為城市烘焙。

第十章

咖啡杯測

咖啡在長期間被當做嗜好品，而被主觀地判斷「我喜歡這個口味」。可是當做嗜好品與品質的好壞，並不一樣。咖啡的香味被正確地萃取出，沒有異質的香味，判斷是否優良的基準是很重要的。對風味 (Flavor) 屬性，必須作客觀的品評。什麼是正確的香味及其特性都很難直接從咖啡獲得理解。必須以「杯測法」的作業，將有優良香味的，與平常的咖啡予以區分。

「杯測法」對任何等級的咖啡都可適用，但目的有差異。一般流通咖啡，瑕疵豆的混入率很高，所以杯測法的目的是要發覺異質的香味，以確認符合自己的品質基準的作業。但對於精品咖啡，因瑕疵豆很少，所以要發覺有何種優點的作業。

01 咖啡杯測原理及方法

對咖啡實施感官上的品評，要分析特定風味屬性的品質，再依據品評員過去的經驗，並依數值基準，來對樣品予以品評 (評價)，其重點是酸味、香氣 (乾香、濕香)、濃醇度、均衡度、餘韻等五項，如此才能對各樣品的得分加以比較。

依據 SCAA 的品評樣本，有關咖啡的風味或酸味等，需紀錄十一種項目的重要風味屬性。這些都根據品質的尺度加以評比，而以 0.25 點為單位來打分數。下列的風味屬性項目，每項均以 10 分為滿分，而第 1~9 項及第 11 項，合計 100 分為滿分，然後再減去第 10 項的分數後，就是最終的評分，得 80 分以上為精品咖啡。

1. 香味 (fragrance / aroma)－咖啡粉末的香氣 / 注入水後的香味。
2. 風味 (flavor)－獨特的香味。在口中的香氣及味道。
3. 餘韻 (after taste)－口中殘留的風味與停留口腔之長短。
4. 濃醇度 (body)－咖啡液在口中的濃味感是否豐富。
5. 調和 (balance)－各

屬性的平衡感 (整體搭配協調、順口)。

6. 均一性 (uniformity)－五個杯子的均一性。
7. 透明性 (clean cup)－咖啡液的透明度 (清澈度)。
8. 酸味 (acidity)－酸的強度是否活潑與清爽。
9. 甜度 (sweetness)－輕微感覺的甘甜。
10. 缺點 (defect)－討厭的香味與不好 (順) 的口感。
11. 整體性 (overall)－依杯測者的喜好而評分。

評品的順序：首先對烘焙後的色澤，用視覺檢查後，將結果在紙上做記號，然後作為風味屬性評價時的參考。

步驟 1：樣品研磨成粉後 15 分鐘以內，在注入熱水前聞其香氣 (fragrance) 予以評分。注入熱水後不要損壞 Crust (浮在表面的咖啡粉末) 而靜置 3~5 分鐘然後以湯匙攪拌三次，再以湯匙背部撥開粉末後，輕輕地聞其芳香 (aroma)。而後根據注入熱水前後予以評比，並將香氣與芳香的分數，記入在評分表上。謹記湯匙不要伸入杯底且在移至他杯之前，要將湯匙清洗一下。

步驟 2：樣品的溫度降到約 70°C 時 (注入熱水後 10~12 分鐘)，才開始對咖啡液的評分。將咖啡液廣闊地吸入口腔內，盡量讓液體沾到舌頭及上顎部分。因為從鼻孔排出的氣強度，可在如此高溫時達到最大，以這個時間點來評比風味、餘韻。樣品的溫度再降至 60~70°C 時來品評酸度、濃醇度 (渾厚的味道) 和調和 (balance) 等項。所謂調和，是指酸度、濃醇度、風味、餘韻等相乘組合，是否達到調和程度的評價。隨著樣品的降溫，必須依不同溫度作數次 (二～三次) 的檢測與檢討 (發出滋！滋！的聲音般一口氣用力吸入萃取液，就可以遍布在口腔內)。

步驟 3：當萃取液接近室溫 (21°C~27°C) 時，就其均一性 (uniformity)、透明性、甜味予以評分。對這些屬性，要一杯一杯地判斷，而且對每一個屬性，每杯為 2 分 (因有五個杯子，合計為 10 分)。液體的溫度降至 21°C 時，就停止評分，只就所有屬性作綜合性的判斷，此時可以杯測者的喜好而決定綜合分數 (含在口裡的咖啡液，雖可以喝下，但要做很多杯測，還是吐出較好)。

步驟 4：樣品的評審結果後，應合計全部的評分，而且把總分 (滿分為 100) 記載於右上角框之內。還有最終評分 (Final Score)，必須自總分減去缺點分數 (分數按 0.25 分予以列計)。

我們對咖啡用「杯測法」來實施感官上的評比，其目的有三：

1. 對於各樣品之間，經由感官，決定其實際差異。
2. 可以描寫樣品的香味。
3. 決定商品的優劣順位。

02　SCAA「杯測法」之規約

為能經常以同一標準(規格)評比，就要基於預先訂定的標準規約，實施杯測法。

樣品的準備

1. 樣品烘焙好 8 小時至 24 小時內就要實施杯測法。
2. 樣品烘焙的時間為 8~12 分鐘。
3. 烘焙程度是 SCAA 烘焙標準 #55 (中度烘焙)。
4. 烘焙後裝進密閉容器或無透氣性的袋子內，並放置陰暗地方保管，使與空氣的接觸降到最低限度 (但不可冷藏或冷凍)。
5. 水與咖啡的比例是水 150cc 對咖啡 8.25 公克依此比例做調整。

杯測的準備

要實施忠實的杯測時，以正確的步驟做準備是很重要的。

第一步：樣品要依照既定的比例，就豆子的原狀來計量為評比樣品的「同一性」，至少要準備五杯同一樣品。

第二步：將各杯的樣品個別研磨，放進杯測用的玻璃杯。顆粒要比濾泡式的尺寸稍粗，研磨後立刻將各杯子蓋上。

第三步：研磨後 15 分鐘內注入熱水。並使水浸滿咖啡粉的全部。使用的水要清淨無雜味，水溫約 93℃，不要攪拌咖啡粉，以原狀靜止 3~5 分鐘再開始評比。

03　香味、風味的屬性表現概念

只是單純的「好喝」，則對咖啡所具有的特徵或獨特風味，不能具體的瞭解。

所以我們可從下面的說明就能具體看出咖啡風味各種各樣的屬性。

1. 酸味：酸的清柔與強度

    ○ 細緻、柔順、溫和、不粘口、清新、檸檬、橘子、蘋果、杏仁。

    ✕ 不舒服、很嗆、有刺激、酢味、太強死酸。

2. 餘韻：口中殘留的韻味及停在口腔中之長短。

    ○ 好、長、圓潤、新鮮、甘甜、水果味。

    ✕ 消失快、澀味、不舒服。

3. 甜度：甘蔗甜的強度與特徵

    ○ 甜、清爽、溫和、略甜。

    ✕ 甜度弱、感覺不出甘甜。

4. 透明性：咖啡液的透明度

    ○ 清晰、不混濁、清澈如琥珀色。

    ✕ 混濁、不乾淨有雜質。

5. 香味：咖啡粉香的強度與特徵

    ○ 香氣豐富、像花香、水果香、清新草般、葡萄酒般、香草香料般。

    ✕ 如枯草、青草味、發酵、霉味、泥土味、燒焦味或塵埃般。

6. **濃醇度：具重實感與濃郁**
　　○ 確實的、厚實的、如絲綢般、羽絨般、奶油乳脂般的。
　　✕ 淡薄、如水般無口感或有雜質感。

7. **調和：各屬性的平衡感**
　　○ 調和各屬性、風味而不各自脫離，互相連結。
　　✕ 調和不佳、某一屬性突出或太強。

8. **風味：咖非特有的風味**
　　○ 如牛奶糖、巧克力、堅果味。
　　✕ 無特徵、平凡、沒有特殊。

9. **綜合評價：咖啡整體的特徵與評價。**
　　○ 極佳、優秀、令人滿意、優良高貴、無與倫比、調和的、恰好的、優雅。
　　✕ 貧弱、厭膩、普通、不值的、毫無特色、弱。

　　以上是對咖啡香味、風味的表現之基本概念。如能再意識到因品種或精製方法所產生的香味差異，則可以加深對咖啡的理解。

　　只是單純的喝咖啡，是不能真正體會到咖啡的香味。因此最低限度必須瞭解所喝咖啡的國別、產地、品種及精製方法。用正確方法去品嚐咖啡累積經驗，並從可以信賴的咖啡賣主(或店家)購買精品咖啡開始做味覺開發訓練吧！

1. 要知悉鐵畢卡種的香味。
2. 要知悉波旁種的香味。
3. 要知悉其他品種的香味。
4. 要知悉精製法的香味差異。
5. 要知悉各生產國的多種香味。

　　在喝「一杯咖啡」中，它包含著下列幾點資訊，我們必須認真去體認與瞭解。

1. 萃取是否適當？
2. 烘焙程度為何？
3. 烘焙是否適當？

4. 採行何種精製法？
5. 屬哪一品種？
6. 有何特徵？
7. 何國出產的咖啡？

第十一章

咖啡館的經營

01 咖啡館的型態

咖啡館經營的形式大致上可分為：1. 傳統專業店 2. 有個性化店 3. 連鎖店 4. 複合式店 5. 住宅社區型店 6. 庭園咖啡店及 7. 精品咖啡店等。

1. 傳統專業店—以咖啡專賣為主。不提供膳食，只提供糕點。
2. 有個性化店—訴求溫馨、安靜。以文學、藝術的氣息，提供作家、藝術家的空間。
3. 連鎖店—為本土連鎖店及國際型連鎖店 (Starbucks) 為代表。主要提供給商務人員及鄰近辦公室人員洽商、休憩的場所。
4. 複合式店—大部分於辦公大樓附近。除了咖啡外還提供簡餐、糕點、冰飲飲料及雜誌等。
5. 住宅社區型店—皆位於住宅區或社區內。主要提供下午茶及歐式早餐。
6. 庭園咖啡店—必須有廣大土地為前提。皆位於郊區，尤其近風景區。主要訴求為景觀，提供地區性的特殊料理以滿足外來客，咖啡為其次。
7. 精品咖啡店—有別於一般咖啡店的經營型態。主要訴求為精品咖啡豆，即讓消費者真正享受一杯香濃美味的咖啡在心中留下深刻的印象。

第十一章 咖啡館的經營

谷泉庭園咖啡

02　世界著名百年咖啡館簡介

要經營一家咖啡店而且要永續經營，最好能觀摩世界著名百年咖啡店的經營方式與經營精神 (文化)；如法國的雙叟咖啡 (Les Deux Magots)、花神咖啡 (Café de Flore) 或義大利威尼斯的佛羅里安咖啡 (Caffè Florian)、羅馬的希臘咖啡館 (Caffè Greco)…等。

十六、十七世紀歐洲咖啡館是上流社會社交的場所，非一般百姓可得分享的。但隨著咖啡豆大量輸入歐洲，咖啡館處處林立，成為文人墨客、政治人物的最佳處所，因此咖啡館在歷史上也扮演一些角色，如法國大革命即在咖啡館起義的。

1. Les Deux Magots

1875 年間開始營業，是 50 年代「存在主義」文學家及哲學家沙特、西蒙波娃這一對活耀的文化先鋒每天聚會的地點。

筆者與總經理攝於雙叟雕像下

2. Café de Flore

位於雙叟咖啡館的隔壁，於 1865 年開始營業。40 年代左右是法國人民交換政見的「心靈上的家」，除沙特外，卡謬、畢卡索、布列東……等也常常在此聚會。

3. Le Procope

　　是巴黎第一家咖啡館，於 1675 年由西西里人 Francesco Procopio dei Coltelli 在杜爾農街口開了一間小咖啡館。他後來入了法國籍，取名 Francois Procope Couteaux，並將咖啡館遷往巴黎老劇院街 13 號，也於 1686 年正式改名為 Le Procope。除了咖啡外也販賣餐點，雞尾酒、巧克力熱飲，並販售冰淇淋。這裡最有名的客人有拿破崙和詩人伏爾泰。廿世紀初曾歇業，於 1988 年大肆整修，於 6 月14 日全新營業。

4. La Rotonde

　　1882 年開業的圓頂咖啡館。由於熱愛藝術的老闆 Libion 對當時窮酸的文藝青年給予賒帳或免費招待一杯咖啡，讓這批文藝青年感懷銘衷。座上客包括畢卡索、馬諦斯及日本畫家藤田嗣治……等。

筆者與總經理攝於店門口

5. Le Bastille

1789 年 7 月 14 日民眾攻陷巴士底監獄，爆發法國大革命。此咖啡館即位於巴士底廣場上 (但法國大革命的起義點是在 Café de Foy)。

6. Le Dôme Café (圓拱咖啡餐廳)

由於拉丁區及蒙帕那斯區的蓬勃發展，使得 1897 年原本是一家小咖啡館的圓拱咖啡館每天熱烘烘的高朋滿座，包括藝術家、記者、政客、冒險家或逃難的白俄貴族成為他們打發時間的好地點。夏卡爾、馬諦斯、米羅、西蒙波娃及俄共托洛斯基 (Leon Trosky) 是常客。1986 年重新裝修，現為海鮮餐廳，但乃保留咖啡館外面加蓋的露天咖啡座。

圓拱咖啡餐廳

右圖為筆者與圓拱咖啡餐廳
總經理合影

7. Caffè Florian

1720 年開幕,是威尼斯當地王公、貴族聚會場所。館內除了使用一流的裝置藝術、大理石圓桌、紅絲絨椅墊、華麗的檜木雕花及精緻的古董,營造出雍容華貴的形象,帶動了義大利的咖啡館風潮。

筆者攝於佛羅里安咖啡館正門

實用咖啡學

單純喝咖啡時的杯具

豐盛的下午茶組合

8. Caffé Lavena

　　成立於 1750 年，聖馬可廣場上另一家歷史悠久的咖啡館。

　　音樂家華格納最喜歡來此找靈感，店門口常有現場音樂演奏，吸引威尼斯人及觀光客來此喝咖啡。

筆者攝於 Lavena 咖啡館正門

9. Caffé Quadri (夸德里咖啡館)

成立於 1775 年，位於 Caffé Florian 對面，是詩人拜倫和小說家亨利‧詹姆斯、華格納、杜瑪等人常去，也是十九世紀時王公貴族最常造訪的咖啡廳。這家以土耳其風格為基調的咖啡館利用向陽的優勢在廣場擺起桌椅，吸引遊客來此喝咖啡。

夸德里咖啡館正門

10. Antico Caffé Greco

位於西班牙廣場前，1750 年開幕，是羅馬市最老且最有名的咖啡館，也是名人和上流社會人士聚會之所。叔本華、孟德爾頌、李斯特、華格納都是常客。

第十一章 咖啡館的經營

希臘咖啡館前洶湧的觀光人潮

11. Café Hawelka

　　這家咖啡館有其歷史的意義與典故，是維也納知名度最高的咖啡館。十七世紀末土耳其攻打奧地利失敗，留下咖啡豆就是留在此咖啡館的地窖裡。咖啡館的外觀簡單而平凡，外牆灰暗、店內裝潢已失去了光澤，但總是擠滿了喝咖啡的人。

12. Café Demel

　　1786 年創立於維也納，其特色是清一色女侍 (一般在歐洲的咖啡館皆是男侍)，是貴婦們的最愛。據說也是世界上最偉大也最傳統的糕點店，尤其蘋果派更是一絕，非吃不可。

　　這些咖啡館的共通特色都是超過一百年甚至三百年的歷史，每家皆提供精品咖啡與特色糕點，加上親切、專業的服務，才能永續經營，雖然只列出十二家知名度高的百年咖啡館，還有數十家超過一百年的咖啡館不勝枚舉。

03 如何開一家成功的精品咖啡館

開咖啡店近幾年來都是年輕人創業最熱門的首選，但市場幾近飽和。尤其連鎖咖啡店的進駐，加上超商也加入搶食市場，競爭非常激烈，要如何經營成功，絕對是一門專業的課題。

因此，為了避開惡性競爭的市場，必須規劃一個以行銷理念，創造出自己唯一且獨特風格的市場定位——「精品咖啡」館，表現出不同於一般咖啡店的經營型態，亦稱為 Specialty Coffee Shop。及讓商品或品牌在顧客心中留下深刻的印象。

A. 要經營一家「精品咖啡」館更不是一件浪漫輕鬆的事，如何選擇投資低風險而獲得最大的投資報酬率，絕對在投資前必須要非常謹慎評估與規劃。如地點選擇、資金規劃、經營策略、價格定位、品牌建立、人員訓練及特殊商品開發……等工作。

1. 地點選擇—具特色的「精品咖啡」館與一般的連鎖咖啡館大不同。他不必考量是否座落人潮多的大街上；他的優勢在於本身所創造出自己的「唯一且獨特風格」，以品質取勝的咖啡館。即使在小巷弄內，也會吸引饕客不辭老遠的上門消費，並會繼續來消費，成為忠實顧客。但地點也不要離大馬路太遠之深巷內，離馬路口 20~50 公尺內為佳。

2. 資金規劃——一家「精品咖啡」館的資金運用究竟要籌措多少？因地點不同使用空間坪數大小、裝潢設計及押租金的差異有很大的不同。所以，以比例分配為基準較有彈性且能控制開銷。基本分配比例大致如下：
   (1) 租金、押金 (三個月)：8%

(2) 裝潢 (含水電配管線)：42%

(3) 咖啡桌椅、空調、燈光、音響：15%

(4) 生財器具與配具：18%

(5) DM、招牌、活動：5%

(6) 進貨 (料)：6% (咖啡豆以少量進貨為佳)

(7) 週轉金：6%

合計100%

3. 經營策略—因為「精品咖啡」館其實就是唯一且獨特風味的咖啡館。顧名思義，必須使用「新鮮優質咖啡豆」為前提。而且以顧客需要、顧客滿足為訴求，即公司利潤與顧客滿足同步達成的策略。除了提供精品咖啡豆外，還要創造出產品風格，沖煮咖啡的優良技術，工作人員的服務品質更不可忽視，要讓每一位顧客有溫馨的感受。此外，必須建立營運報表、淡旺季評估以應付營業方針。

4. 價格定位—既然定位為「精品咖啡」館，產品價格就必須與平價咖啡、連鎖咖啡有所區別。每杯咖啡以不低於NT$100為基準。品質要與定價達成平衡 (Balance)，讓顧客有滿意感。

5. 品牌建立—品牌形象攸關經營成敗。Starbucks之能拓展至全世界，人人皆知曉的咖啡店乃是品牌的成功建立所致。一家成功的「精品咖啡」館，除了優質咖啡服務品質外，LOGO商標必須註冊，以對自己店家商品負責，讓消費者可安心使用，也是一種無形的行銷行為。

6. 人員訓練—工作人員對咖啡的專業及對高品質的需求必須堅持。尤其Barista的工作精神是專心、用心、輕巧。人員素質提升就是代表咖啡品質提升。此外，每位工作人員必須有危機處理的能力；如客人在店內無理取鬧或咖啡送錯…等危機處理的能力。

7. 特殊商品之開發—新穎且獨特的商品可增加同業競爭力。消費者求新、求變的心永遠存在，店家必須隨時有開發新產品的觀念，如獨家調配的「綜合咖啡」。

B. 要成功經營「精品咖啡館」必須有「經營分析」的策略。咖啡館有很誘人的獲利點存在 (高獲利低投資)，但本身在經營上有許多的問題存在。自從咖啡引進台灣至今，我們可發現早期咖啡館較易經營，因為以前沒有像現

在那麼競爭激烈，經營成本也較低。近年來，因國際品牌的咖啡專賣店紛紛進駐台灣市場，這對有「個性化」或高價位的「精品」咖啡館形成非常大的威脅與競爭。

所以要經營一家成功的咖啡館，必須全盤考慮以下七點：

1. 市場評估
2. 咖啡館的屬性
3. 資金規劃
4. 店址的選擇
5. 定價策略
6. 成本與獲利分析
7. 營運報表建立

尤其要有「損益平衡 (Break even point)」的概念，利用成本會計公式計算，明確算出欲達到損益平衡點時，必需的營業目標。除了「損益平衡」外，亦必須有「日報表」、「月報表」及「年報表」之統計，才能算是一位經營者應有的工作及責任。

損益平衡的公式

損益平衡點業績目標 (S)＝固定成本 (FC)＋變動成本 (VC)

$$S＝FC＋VC$$

$$(VC＝S×\%)$$

固定成本：不因銷售量增加而隨之增加的費用。如房租、人事薪資費用。

變動成本：當銷售量增加時會隨之增加的成本。如商品成本。

精品咖啡店不採低價策略來吸引顧客，而是進一步強調咖啡的品質與服務，加上提供一個舒適溫馨的空間，讓顧客可以在咖啡館內輕鬆地享受一杯香濃美味咖啡的滿足感。

04　吧檯師傅應具備的條件

1. 顧客至上

好的吧檯師傅 (Barista) 必須充分的得到授權，以顧客的需求第一，不必向上請示，能當機立斷符合客人的需求。

2. 心態與個性

永遠用一種新開始的心態去沖泡最完美的咖啡，沒有個人的情緒。咖啡行業是與顧客建立關係的服務事業，因為顧客不是只為一杯咖啡，而是要得到一種溫馨的氣氛。

3. 要有專業的外表

穿著乾淨整齊的圍裙與制服來反映出專業的品牌與穩定的品質。衛生與穿著是同等重要，尤其不要有刺青，更不會在休息時抽菸。

4. 訓練

好的咖啡大師會永遠在學習對咖啡的發展 (從原味到綜合)，隨時不斷教育訓練自己，才會體會且描述出咖啡之特性。

5. 分工合作

好的咖啡大師必須與團隊相互支持去滿足客戶的需求。如客戶能感受出工作人員間的不和諧，將會影響公司的形象及生意；如團隊有精神，工作人員便會愛上這份工作，大家皆勤奮工作，可影響整個業務之互動的感覺。

6. 歸屬感

咖啡大師不只是一份工作，而是對這份工作的熱愛是一種榮譽感，所以客戶就很容易感受咖啡大師與公司有歸屬感的融合心 (向心力)。

7. 自信 (對公司產品的自信)

對目錄上的產品，每樣的成分、特性、風味要非常了解，並且很驕傲的對老主顧或新客人詳細的介紹，以真正熱忱的態度面對客戶，如此可引起消費者的認同，並成為忠實愛用者。

8. 好的記憶力

成功的咖啡大師對客人喜好的飲料要比客人更了解他們自己的需求，且要讓新客戶走出店門口時已經是朋友了的感覺。當一位客人走進門時，應能立刻了解他們的心情與生活型態而確定與他們相互聊天分享共同經驗。

9. 品質

對自己賣的咖啡品質有絕對的信心。自己採購最好的品質再分享給客戶，使他們能有受到尊重的榮耀。但為價格而犧牲品質是永遠不能成為一位成功的咖啡大師。

10. 一心多用

好的咖啡大師可在同一時間進行多樣工作 (點咖啡、沖泡咖啡)，而可讓顧客感覺對他還有一種特別服務的感受。

05　外場服務人員之訓練準則

外場服務人員是咖啡館形象的表率。因咖啡館的格調與品質水準可由外場服務人員的言行舉止及服裝穿著一目了然，所以人員之訓練非常重要。

1. 外表

穿著乾淨整齊，不可奇裝異服。打扮樸素為原則，尤其不可有香水味，以免蓋過咖啡香味。

2. 專業

對店家產品要專業。每種咖啡的特性、風味要非常了解，必須達到如數家珍，並驕傲的對客人詳細介紹、推薦。

3. 自信

對自己賣的咖啡品質有絕對的信心。不管一杯熱咖啡或一磅咖啡豆，都是以最好的品質分享給客戶(消費者)。

4. 顧客至上

以微笑來迎接客人，永遠以顧客的需求為第一，將咖啡專業與顧客分享。

5. 好的記憶力

要一眼即認出老顧客並以熱誠的態度來迎接。尤其老員工要教導提攜新進人員，使盡快進入工作狀況，發揮工作效率。

第十二章
熱門議題

01　何謂有機咖啡？

　　簡單的說，不使用農藥及化學肥料能讓消費者安心的咖啡即所謂「有機咖啡」。咖啡的種植過程中，不用農藥(除草劑、殺蟲劑、殺菌劑)、合成物質(化學肥)和含有汙泥的肥料，而在良質的土壤中生產的咖啡稱為有機咖啡。大多是使用堆肥，再施以覆蓋栽植法並導入益蟲。如此作業可構築土壤的生產力亦可以保全周邊的環境不被汙染，且有益於生物多樣性。

　　有機咖啡乃必須受第三者機關的認證。咖啡生產者必須向被認定的國內外機關申請而接受檢查，且三年以上未使用化學肥料或農藥為認定條件。

　　為了要做「有機標誌」，生產者、進口業者、烘焙業者、加工業者等須接受認定。

02　何謂遮蔭咖啡？

「遮蔭」不但有利於咖啡的生長，對候鳥的生存也有利。

　　咖啡樹是半日照的植物，不喜歡日光直射，在原產國的衣索比亞是野生於高地的陰涼處。為做成如此陰涼而種植的樹稱為遮蔭樹。

　　遮蔭樹不但會形成陰涼處，其落葉能提供「氮氣」給土地，而使環境安定，又有減少咖啡收穫量的不均及延長樹齡的好處。

03　何謂認證咖啡？

　　認證咖啡意味「好咖啡」。是對於環境保護或負責生產者是非常重要的，不是通俗的「香味好」的咖啡，而是對於滿足給付勞動者的薪資、農藥管理等的基準。且能對消費者說明生產過程可信賴性的咖啡，予以認證。

　　認證咖啡有別於精品咖啡。精品咖啡是以品質、香味為基準。而認證咖啡是對生產者或環境予以關照而認證的，並不保證其品質與香味。

04　何謂公平貿易？

為保護生產者而產生,「公平交易」。

咖啡的生產農家多數是小規模的,如因價格變動太頻繁,就會使生活無法安定,因此盡量摸索公正的交易就是公平交易。對於開發中國家的咖啡小農的農產品,保證最低的購買金額以安定生產者的生活與兒童教育的普及,同時謀求品質提升的運動,就叫做「公平貿易 (Fair Trade)」。

1950 年來自哥倫比亞叫安卓斯尤瑞地,在美國國會聽證會上大聲急呼,他說:「你們在談咖啡時,不是只談簡單的貨品,而是要談到數以百萬人民的生活。我們必須消除文盲,根絕疾病,對幾百萬人適用的營養計畫。假如我們能確保公平價格,就能製造奇蹟,假如不能,就會害這幾百萬人沉淪赤貧。」

這是何等感人且偉大的國會演講詞。由於他的努力才有今日「國際公平貿易認證標籤」訂定的契約,購買標籤貼在商品上而販賣的機構。

05　何謂即溶咖啡及其製造方法？

即溶咖啡 (Instant Coffee) 是 1901 年由居住在芝加哥的日裔化學家 Satire Kato 所發明，但到了 1906 年才由英國化學家 George Washington 真正大量生產銷售，並於 1909 年自創品牌── Red E Coffee 販賣。但是在 1938 年由大廠牌 Nescafé (雀巢咖啡) 大量推廣到世界每一個國家，尤其二次大戰美軍軍中。

即溶咖啡的製造方法有兩種不同方式：

1. 粉狀即溶咖啡 (Powder Instant Coffee)─使用噴霧式乾燥法。其品質較苦且香味不明顯。
2. 顆粒狀即溶咖啡 (Grain Instant Coffee)─使用冷凍式乾燥法。其品質香醇，但顏色稍淡。

即使雀巢公司是世界上最大的即溶咖啡製造商但在美國是麥斯威爾 (Maxwell House) 的天下，所以在賣場上所見的即溶咖啡以這二個品牌為主。第三品牌為日本的 UCC 公司所生產的。

06 何謂咖啡因、低咖啡因、低因咖啡？

咖啡因——它的學名叫三丙黃嘌呤 ($C_8H_{10}N_4O_2$)。存在於六十多種植物中的一種生物鹼，無色、無味，是澀味的主要來源。

低咖啡因——是植物含較少咖啡因，也就是咖啡樹含較少咖啡因的「合成酶」，所以無法將可可鹼合成咖啡因。

低因咖啡——咖啡豆經過人工處理。第一個發明低因咖啡處理方法是德國人 Ludwig Roselius，採用「苯」來當萃取溶劑，但醫學界質疑對身體有害。後來，又有人改用「三氯甲烷」來當萃取溶劑，但又被質疑有致癌的疑慮，便改以用「二氯甲烷」代替。現今則改用液態二氧化碳來萃取，不但在健康上較無疑慮，且咖啡風味也較好。

咖啡因的好處：
1. 可幫助舒緩輕度哮喘。
2. 可減輕某些偏頭痛 (咖啡因是緩解偏頭痛藥品的成分)。
3. 有利尿與通便作用。
4. 能增進胰腺對賀爾蒙的分泌。

咖啡因的壞處：
1. 煮過的咖啡液會增加血液中的膽固醇，但濾透式不會。
2. 咖啡因過量攝取會引起發抖、煩躁和焦慮。

咖啡小語

　　咖啡因的計算法是：如咖啡因濃度 1 ppm，就是 1,000 cc 的咖啡液中含有一毫克的咖啡因。例如咖啡因 500 ppm 之 200 cc 的咖啡液，即有 100 mg 的咖啡因。

第十三章

咖啡與健康的關係

咖啡在歷史上一直以來被爭議的話題不斷，是否對人體有害，被醫生的質疑最多；可能是咖啡的有藥效性被肯定，則病人會減少的恐懼感吧！

　　咖啡究竟是有益身體還是有礙身體呢？幾世紀下來，它的魅力仍阻止不了咖啡愛好者，反而愈來愈多，且年齡層愈往下，更是要感受它的香氣、氛圍及高級時髦嗜好品的形象之心態就無法考慮其對身體的利弊又如何？

　　一般而論，咖啡的好、壞是兩極。喝好的咖啡對身體有益，喝不好的咖啡對身體有害，不要因提神而喝咖啡，必須慎選優質咖啡或精品咖啡，從品種、烘焙、萃取……等為考慮因素。

　　長久以來世界各國的醫藥專家及研究者，經過多年的努力，終於揭露了咖啡豆藥理學上對人體有驚人的發現，咖啡產生作用的主要成分是咖啡因——Coffeine 又名咖啡鹼。服用小劑量的咖啡因可增強大腦皮質的興奮、振奮精神、減低疲勞。所以早期阿拉伯人將咖啡當提神劑外，也被用來治療胃痛及當利尿劑使用。且經過上千人或上萬人的人體試驗，證明能預防第二型糖尿病、老人痴呆、帕金森氏症、肝癌……等疾病，並發表於各國知名的醫學雜誌或各大權威醫療機構的學術論壇。

　　茲將這幾年來，世界各大醫療機構及學術單位陸續發表「咖啡」與人體關係之研究成果摘錄如下：

1. 依 1990 年國際防癌研究機構 (IARC) 發表的研究報告來看，咖啡對結腸或直腸癌具有抑制的作用。

　　其後也有同類的研究成果陸續發表。如 1982 年日本癌症研究權威高山博士，發表咖啡中的咖啡因不具有發癌性及變異原性。

2. 適量喝咖啡可預防帕金森氏症

　　美國夏威夷地區，針對 8,004 名日裔美國男性做的 30 年心臟後續研究分析而得發現，不喝咖啡的人得帕金森氏症的機率是喝最多咖啡 (四～五) 杯的人的五倍。如每天喝一～二杯的人，就可使發生機率減少 50%。

3. 長期喝咖啡不會致血壓升高

咖啡因可以促進心臟的活動，在短時間內可以讓血壓上升；但另一方面又有擴張毛細管的機能，而產生降血壓的作用。因此咖啡成分有增降血壓的作用，但兩者皆極為短暫性。

波士頓布利根婦女醫院做的一項研究顯示，喝咖啡者有高血壓機率並未高於不喝咖啡者。護士衛生研究中 3 萬 3,077 名高血壓病患的十二年資料，並未發現每天喝咖啡與高血壓之間的有效關連。事實上，每天喝三杯以上咖啡者，高血壓的危險反而比少喝或根本不喝咖啡的婦女低約 3%~12%。

4. 喝咖啡可防預成年型糖尿病

2000 年荷蘭針對 17,000 人做的研究也有類似發現。每天至少喝七杯咖啡的人，比喝二杯或不到二杯的人少了一半。

哈佛大學公衛學院針對 12 萬 5 仟人所做的長期研究發現，男性每天喝六杯咖啡，12~18 年內成年型糖尿病的危險減半；女性則減了三成。

繼美國與荷蘭之後，北歐的芬蘭 (平均每人喝的咖啡量居世界之冠)，一項大規模研究提出證據說，喝咖啡可預防成年型 (第二型) 糖尿病，每天喝三、四杯咖啡的女性，可以減少 29%，男性則可減少 27%。研究還發現，咖啡喝得愈多，保護作用愈大，如每天喝七～十杯的女性可減少約 80%，男性可減少約 55%。這項研究由赫爾辛基國家公衛研究所主持，綜合整理 1982 年、1987 年和 1992 年的三項調查，共有 14,600 人。其中男性 6,900 多人，女性 7,600 多人。

5. 骨質疏鬆症，不是咖啡的錯。

2001 年《美國臨床營養學期刊》中的一篇短文提及，咖啡中的咖啡因並沒有足夠的證據顯示與老人的骨質疏鬆症有關。

過去許多有關咖啡因與老人骨質流失的研究皆發現，咖啡因和骨質疏鬆症沒有直接的關係，因為太多生活型態及基因的問題也會影響骨質的健康。

2000 年發表一篇針對停經後的婦女的研究，也顯示咖啡因與骨質流失沒有關係。同年發表在《骨礦物質研究期刊》的專文中，針對 800 位平均 74 歲的老人研究也證明無關係。但停經後的婦女每日攝取高於 450 mg 的咖啡因 (約三

杯～四杯的咖啡)，且鈣質攝取低於 800 mg 者骨質流失則有顯著較高的現象。

6. 咖啡與癌症間的關係？

根據 2000 年 8 月的歐洲《癌症綜論雜誌》回顧以往的醫學研究，駁斥了長久喝咖啡會增加引起胰臟癌、膀胱癌或其他癌症的風險。反倒是有研究認為長久喝咖啡可能減少得到直腸、大腸癌的風險。

《國際癌症期刊》2006 年 1 月號公布加拿大最新研究，發現具有「BRCA1」基因突變的婦女，在 70 歲以前發生乳癌的機率高達 80%，但只需大量喝咖啡就可減少罹癌風險。

多倫多大學教授史蒂芬納洛德是此研究報告的撰稿人，他說「平均每天喝六杯以上咖啡的婦女罹患乳癌的機率可降低 75% 之多。喝三～四杯可減少 25%，喝一～二杯可減少 10%」。

這項研究有加拿大、美國、以色列、波蘭四國共 40 個醫學中心參與，共蒐集 1,690 名有「BRCA1」或「BRCA2」基因的婦女所做之研究。研究團隊之一的瓊安柯索普洛斯說：「好的雌激素較多，婦女罹乳癌的機率較低。而咖啡因會影響人體一種酶的作用，有助於增加好的雌激素」。

7. 喝咖啡對皮膚不好嗎？

自古以來，就有「喝咖啡皮膚會變黑」的迷信。其實咖啡的色素與皮膚的黑色素並無任何的關係。如果喝適量且優質的咖啡，可以促進消化、預防便秘，反而對皮膚帶來更佳的效益。

8. 猛喝咖啡不會傷心！

西班牙馬德里自治大學，及哈佛大學公共衛生學院的一項對 12 萬 8,000 名男女追蹤二十年的研究顯示，長期每天喝很多杯咖啡並不會提高心臟病危險。不過這項研究發現只限濾泡式咖啡，並不適用於濃縮咖啡 (Espresso) 和法式濾泡咖啡。

研究員也發現心臟病和攝取咖啡因無關。但對帶有一種「慢」版特殊肝臟酶基因的人，咖啡喝較多時會提高心臟病危險。美國塔夫茲大學教授兼美國心臟學

第十三章　咖啡與健康的關係

會營養委員會主席李琪坦提醒大家，喝黑咖啡或添加脫脂奶的咖啡固然對心臟無害，但在咖啡裡加糖及奶油或全脂牛奶所含的飽合脂肪就另當別論了。

由以上世界各國的醫學機構研究出來的數據報告很清楚的告訴我們：「咖啡的誘惑不必抗拒。」

享受咖啡香濃的樂趣

第十四章

咖啡相關知識

01　品嘗咖啡基本字彙

1. 醇度 (Body)
　　咖啡入口後在舌頭具厚重與濃郁的質感，尤其舌頭觸覺最能體會醇度的變化。

2. 風味 (Flavor)
　　是香氣與醇度的整體特有的風味感覺，如咖啡有杏仁味或有巧克力味及微酸、清淡等。

3. 酸度 (Acidity)
　　是一種分布於舌頭兩側的味覺。此酸度與酸味 (Sour) 完全不同，也無關乎酸鹼值，而是形容一種清柔、活潑、明亮的味覺。

4. 苦味 (Bitter)
　　感覺區分布在舌根部位及舌尖。苦味主要是咖啡豆深烘焙而營造出。其他因素也會造成苦味，如咖啡粉用量過多、咖啡粉過細或萃取 (沖泡) 時間過長。

5. 甜度 (Sweet)
　　由優質咖啡才能表現甘蔗甜的風味。由於咖啡豆經過烘焙後，其本身所含的蔗糖、葡萄糖等碳水化合物會轉變為焦糖而形成甜味。以中度烘焙最能表現突出，如重烘焙則會焦化而轉變為苦味。

6. 香氣 (Aroma)
　　是指沖泡完成的咖啡所散發出來的香氣 (濕香氣)。香氣是綜合性的，如焦糖

味、巧克力味、水果香味、麥芽味、花香味、香草香料般等。

7. 濃烈 (Strong)

　　主要是形容咖啡味覺濃烈的優缺點。通常濃烈是指重烘焙咖啡強烈的風味但與咖啡因含量無關。

8. 清淡 (Bland)

　　指口感相當清淡、無味，主要是咖啡粉份量不足或水太多所造成的效果。

9. 辛烈 (Tangy)

　　類似發酵過的酸味有微辛辣的刺激感。

10. 酒味 (Winy)

　　水果般的酸度，令人聯想到葡萄酒迷人般的風味。

11. 泥味 (Earthy)

　　有泥土氣息的味道。並非咖啡豆沾上泥土的味道。這是因為將咖啡豆鋪在地上乾燥且拙劣的加工技術所造成。

12. 奇特味 (Exotic)

　　形容咖啡具有獨樹一格的另類芳香。

02　咖啡豆烘焙程度表

由於各地區(國)的烘焙度之認同略有不同,其分類方式也不一樣。為了不讓讀者混淆,筆者整理出兩種規格是目前可共識的標準。一為較通俗也是目前社會上流通的共識,一為「美國精選咖啡協會(SCAA)」所建立的標準。

A. 通俗共識烘焙表

1. Light Roast (極淺烘焙):有青草味、無香味與醇味。
2. Cinnamon Roast (肉桂色烘焙):咖啡豆成肉桂色,強烈酸味,且微有青草味。
3. Medium Roast (中度烘焙):清香味且酸味明顯。如 Kona 豆有特殊的微酸回甘味。
4. City Roast (都會烘焙或中深度烘焙):酸味、苦味達平衡但苦味冒出。
5. Full City Roast (全都會烘焙或深度烘焙):香味苦味皆明顯也是精選咖啡烘焙師最愛。
6. Italian Roast (義式烘焙或 Espresso Roast):咖啡豆呈現深褐色,豆子的表面快要出油,苦味強。
7. French Roast (法式烘焙或南義烘焙):咖啡豆成黑色,且豆子的表面明顯出油,南義或法國諾曼第人偏好此味。

B. 美國精選咖啡協會 (SCAA) 共通標準表

烘焙度	烘焙名稱	俗名
95	Very Light Roast	肉桂色烘焙
85	Light Roast	新英格蘭烘焙
75	Moderately Light	淺度烘焙
65	Light Medium	中淺度或美式烘焙
55	Medium	中度烘焙
45	Moderately Dark	深度烘焙或北義
35	Dark	法式或南義烘焙
25	Very Dark	西班牙或拿坡里式

03　咖啡常識

- 咖啡豆品名介紹
    以生產國為名—哥倫比亞、巴西、哥斯大黎加、肯亞。
    以出產地為名—曼特寧、可娜。
    以輸出港為名—聖多斯、摩卡。
    以生產島嶼為名—爪哇。
    以生產山脈為名—藍山咖啡、安提瓜咖啡。

- 一般優質 (精選) 咖啡多生長於海拔 4,000~6,000 英呎高的山上，但夏威夷可娜咖啡除外，約 450~2,700 英呎。

- 平均 5 磅的咖啡果實，可以產生 1.2~1.5 磅的生咖啡豆。

- 一顆咖啡生豆所含成分為 (大約值)
    水分：11.3%　　　　咖啡因：1.3%　　　　礦物質：4.2%
    綠原酸：3.0%　　　奎寧酸：3.0%　　　　脂肪：11.7%
    碳水化合物：36.6%　蛋白質：11.8%　　　精華部分：17.1%

- 一般咖啡樹的壽命為 25~40 年，黃金生產年期為第 6~13 年之間。

- 雖然濃縮咖啡 (Espresso) 比一般咖啡苦且濃烈，但其所含的咖啡因要比一般咖啡少很多。

- 在烘焙過程中，咖啡豆的體積約可增加 60%。

- 巴黎最早的咖啡館—Procope 咖啡館。

- 威尼斯最早的咖啡館—Floriano 咖啡館。

- 羅馬最早的咖啡館—Greco 咖啡館。

- 法國小說家巴爾札克寫了 95 本書，但在咖啡館喝掉了五萬杯咖啡。

- 咖啡的醫療用途是：1. 促進心臟功能 2. 抑制神經痛 3. 中和胃酸過多。

- 咖啡因 (每杯) 之比較
    1. Robusta (羅巴斯塔) 約 200~250 毫克 (mg)/杯
    2. 綜合咖啡約 80~200 毫克 (mg)/杯
    3. Arabica (阿拉比卡) 單品約 60~130 毫克(mg)/杯
    4. Espresso 約 30~80 毫克 (mg)/杯
    5. 即溶咖啡約 100~220 毫克 (mg)/杯

    但因沖泡方式的不同，咖啡因會些微的改變。

- 晚上太晚喝咖啡，在咖啡中加點鹽巴，可防止失眠。巴爾札克就是如此喝法。

- 咖啡杯大小之區分
    小杯 (short) 8 oz＝240 ml (或 6 oz＝180 ml)
    中杯 (tall) 12 oz＝360 ml (或 9 oz＝270 ml)
    大杯 (grande) 16 oz＝480 ml

- 濃縮咖啡之份量 (short) 名稱
    基本上一份 (short) 的 Espresso 是 30 ml，又稱為單份 (Single)
    基本上二份 (short) 的 Espresso 是 60 ml，又稱為雙份 (Double)
    基本上三份 (short) 的 Espresso 是 90 ml，又稱為三份 (Triple)

- 義大利各地濃縮咖啡風味之混和豆比例
    米　蘭：阿拉比卡中度烘焙 80%
    　　　　阿拉比卡法式烘焙 20%

    威尼斯：阿拉比卡中度烘焙 70%

　　　　　阿拉比卡法式烘焙 20%

　　　　　羅巴斯塔中度烘焙 10%

　　翡冷翠：阿拉比卡中度烘焙 70%

　　　　　阿拉比卡義式烘焙 20%

　　　　　羅巴斯塔中度烘焙 10%

　　羅　馬：阿拉比卡中度烘焙 50%

　　　　　阿拉比卡法式烘焙 30%

　　　　　羅巴斯塔中度烘焙 20%

　　拿坡里：阿拉比卡中深度烘焙 50%

　　　　　羅巴斯塔義式烘焙 50%

- 世界各國對咖啡的稱謂：

　　　Coffee —— 美國、英國

　　　Kaffee —— 德國

　　　Qahwa —— 阿拉伯

　　　Kai-fey —— 中國

　　　Kaffé —— 丹麥

　　　Café —— 法國

　　　Dunna —— 衣索比亞

　　　Kahvi —— 芬蘭

　　　Kafes —— 希臘

　　　Caffé —— 義大利

　　　Kehi —— 日本

　　　Koffie —— 荷蘭

　　　Quhve —— 伊朗

　　　Cafea —— 羅馬尼亞

　　　Kofe —— 蘇聯（俄羅斯）

　　　Kahveh —— 土耳其

　　　Kave —— 匈牙利

　　　Gabee —— 台灣

第十五章

咖啡美味飲料及糕點

喝咖啡是一種享受也是一種情意,而且咖啡有「百藥之王」的美譽,所以一般是要喝具有獨特風味的原味黑咖啡 (Black Coffee)。但現今實際上喝咖啡是相當多元化,尤其年輕人更喜愛的花式牛奶咖啡,因此可依個人喜好將咖啡呈現出千變萬化的花樣與樂趣,並可在其中發現超乎意想不到的奧妙世界。

　　下列幾種歐美時下較受喜愛的美味花式咖啡與冰咖啡之配方製作方式,但還是以自己喜愛的口味去自由發揮較能合乎自己的需求。

01 咖啡飲料之製作

1. Café au Lait 法式咖啡

在法國的早餐喝一杯熱騰騰的 Café au Lait 是一種享受。在義大利,它被稱為咖啡拿鐵是由義大利烘培的 Espresso 豆調製。

- 2 份 Espresso (50 cc)
- 200~230 cc 的熱牛奶

利用加壓蒸汽將牛奶加熱或在小鍋裡用中火煮熱 (如果用加壓蒸汽將牛奶加熱你的牛奶會變成綿密的奶泡)。兩份 Espresso 先倒入法式 Café au Lait 杯子內,再徐徐倒入熱牛奶。

2. Cappuccino 卡布奇諾咖啡 (加肉桂粉和熱牛奶)

卡布奇諾通常被稱為一個神聖的飲料。其名取自神聖人員外套的頭帽之形，且與神職修道士寬鬆外袍同顏色，當這種神聖的飲料名稱。

- 50 cc Espresso
- 50 cc 熱牛奶
- 50 cc 奶泡

道地的卡布奇諾是由 Espresso 咖啡機附有蒸汽開關的組合來製作。如果蒸汽噴嘴不能使用，則熱牛奶，可以在攪拌機攪打 1 分鐘。

用 1/3 的濃縮咖啡、1/3 的熱牛奶及 1/3 奶泡，徐徐倒入卡布奇諾杯子。

花式手拉 Cappuccino

花式手繪 Cappuccino

標準 Cappuccino

3. Iced Coffee 冰咖啡

完美的冰咖啡的訣竅是使用新鮮沖泡的特濃咖啡，但不能超過三小時以上。如果您使用昨天的剩餘或任何超過三個小時以上，你會發現它已經失去了它的風味和口味平淡。如果使用標準烘培的咖啡豆 (中度烘焙) 來沖泡，當冰塊融化會沖淡飲料。

另一種方法是使用咖啡冰塊，使用新鮮剩餘的咖啡，用來凍結成冰塊，並與標準烘培程度的咖啡豆沖煮用來做夏季清涼飲料。另一種特殊的作法；咖啡淋上香草冰淇淋給人一種美妙的味道和色彩強烈對比。

- 特濃咖啡約 90 cc，放冷至室溫的溫度，備用。
- 每杯 10 塊冰塊。

先將冰塊放入冰冷杯內再徐徐將咖啡倒入。

標準冰咖啡

加牛奶的冰咖啡

4. Turkish Cola Float 土耳其冰咖啡

這裡有一個刺激的飲料！是可口可樂和咖啡豆的組合，它可以叫做咖啡因催化劑，它可以使人徹夜不眠的最佳秘方。

- 1/2 杯冰冷特濃咖啡
- 咖啡冰淇淋 1 顆
- 可樂 1/2 杯
- 橙片裝飾

將 1/2 杯冰冷特濃咖啡倒入玻璃杯，其後將 1/2 杯可樂倒入玻璃杯內再放上一顆冰淇淋，橙片裝飾於玻璃杯上。

(圖片取自 The Complete Coffee Book 一書)

(圖片取自 The Complete Coffee Book 一書)

5. Cappuccino Borgia Milkshake 卡布奇諾波吉奶昔

- 少量粗碎柳橙皮
- 30 cc 濃縮咖啡,放置至室溫
- 1 1/2 杯巧克力冰淇淋
- 1/2 顆鮮榨橙汁
- 1/4 杯全脂牛奶
- 裝飾用的鮮奶油
- 裝飾用碎橙皮
- 裝飾用的巧克力摩卡豆

用粗碎柳橙皮與濃縮咖啡,冰淇淋、橙汁和牛奶倒入攪拌機,攪拌到非常的柔細。

然後將其倒入奶昔高杯內,再添加鮮奶油、碎橙皮和巧克力摩卡豆。

6. Café Alexander Frappe 亞歷山大咖啡冰沙

這是非常好喝的飲料，當你必須在漫長炎熱夜裡工作時的最佳良伴。

- 1/2 杯冷凍特濃咖啡
- 1 湯匙砂糖
- 30 cc 鮮奶油
- 20 cc 白蘭地
- 原味巧克力片 5 公克
- 2 塊冰塊
- 新鮮磨碎的肉荳蔻粉

結合所有的成分，除肉荳蔻外，其餘皆在攪拌機裡攪拌。直到泡沫覆蓋整個混合物，將其倒入杯內和灑上肉荳蔻粉在頂部。

02　咖啡糕點之製作

1. Road's End 咖啡蛋糕

　　事前容易準備，這種柔潤的咖啡蛋糕是我經常在週末時帶去拜訪朋友的禮物。可以提前一天製作，在食用前將略微回溫，然後在上面撒上糖粉就可。

- 1/2 杯無鹽奶油，放置室溫溫度
- 1 杯砂糖 2 顆雞蛋
- 雙倍濃縮咖啡 30 cc
- 1 茶匙香草精
- 1 3/4 杯中筋麵粉，過篩
- 2 茶匙發酵粉
- 1 茶匙小蘇打
- 1/2 茶匙鹽
- 1 杯酸奶油
- 1/3 杯紅糖
- 1/3 杯烤過碎榛果子
- 1/2 茶匙肉荳蔻粉

咖啡醬料

- 1 杯糖粉
- 雙倍濃縮咖啡 30 cc
- 1/2 茶匙奶油

- 1/4 茶匙香草精
- 1/4 杯過篩糖粉

細磨咖啡粉 10 公克 (土耳其研磨)

步驟：

1. 烤箱預熱至 350°F

2. 使用攪拌機，攪拌奶油和糖。同時加入 1 顆雞蛋一起攪拌均勻。再拌入濃縮咖啡與香草精。

3. 將麵粉、發酵粉、小蘇打和鹽混合在一起。再將無鹽奶油與加入攪拌過麵粉混合物充分混合。

4. 混合紅糖、榛果子和肉荳蔻在一小碗。

5. 將一半的麵粉混合物放入底部塗上油脂的 bundt 烤盤，並灑上一半的榛果子混合物。上層倒入剩下的麵粉混合物。撒上其餘榛果子混合物。烤 50 分鐘，冷卻 15 分鐘後，再取出。

6. 將咖啡醬汁的材料混合在一小碗裡。淋入仍是溫暖的蛋糕上。待 15 分鐘，讓蛋糕完全吸收咖啡醬汁。使用前撒上糖粉和細磨咖啡粉。

第十五章　咖啡美味飲料及糕點

2. Silverton 雪花巧克力蛋糕

幾乎所有的榛果子生長在北美，尤其來自俄勒岡州 Silverton 周圍肥沃的山谷所生長的榛果子，有豐富的堅果味道，彌補半甜巧克力和濃縮咖啡的苦澀味道。這種微妙質感滋潤蛋糕，可以提前一天烘焙，或當天現烤。

- 3/4 杯濃縮咖啡
- 4 盎司半甜的黑巧克力
- 20 公克即溶咖啡顆粒
- 90 公克無鹽奶油
- 3 顆雞蛋，蛋黃、蛋白分開
- 100 公克砂糖
- 100 公克生榛果子
- 6 湯匙麵粉
- 1 顆蛋清
- 少許鹽
- 裝飾用過篩的糖粉
- 裝飾用切碎的烤榛果子

步驟：

1 烤箱預熱到 350°F。奶油塗上 9 寸的蛋糕烤盤底部和兩側。排放蠟紙，並抹上奶油，備用。

2 將濃縮咖啡，巧克力，速溶咖啡，和奶油倒入鍋裡用小火煮熱，偶爾攪拌，直到融化。放一邊讓其降溫，備用。

3 在一個中型攪拌桶，將蛋黃和糖一起攪拌，直到他們呈淡黃色且蓬鬆。慢慢攪拌巧克力、咖啡並放入蛋黃，直到麵糊混合均勻。

4 用裝有鋼刃食物處理器,將堅果打 35 秒,直到形成細粉粒。加入麵粉糰再打約 10 秒。取 1 杯咖啡巧克力混合物,再次放入處理器攪拌,並從進料處慢慢添加巧克力、咖啡、榛果子醬,並與麵糰攪拌,直到充分混合。

5 在一個大碗裡,打 4 個蛋清與少量鹽,直到他們凝固而不乾燥,與麵糰混合。將麵糰放入蛋糕烤盤烘烤 30 分鐘。將牙籤插入蛋糕中心時有稍粘感覺,轉移到一個金屬網的架子,使鍋子冷卻。卸下蛋糕模子,放在盤子裡,撒上糖粉和烤榛果子。

3. Cuernavaca Custard 庫納瓦卡蛋塔

這是改良的柔軟蛋塔，擁有豐富的咖啡精華和香料，可讓味覺產生微妙且豐富的層次感。

6 顆蛋塔份量：
- 60 cc 水
- 100 公克砂糖
- 60 cc 的濃縮咖啡
- 5 公克肉桂片將其打碎
- 2 粒丁香莢
- 4 個雞蛋
- 2 個蛋黃
- 2 湯匙咖啡酒
- 2 1/2 杯牛奶加奶
- 油，加熱
- 適量開水

步驟：

1 烤箱預熱至 350°F

2 在一個小的平底鍋，將水與 100 公克的砂糖用中火加熱。用漩渦式的攪拌，直到糖溶解。並把混合物煮沸，繼續煮幾分鐘，直到它的顏色轉成焦糖色。將混合物平均倒 6 個杯模子，並先塗上杯模子的側邊與底部，備用。

3 將咖啡與剩下的砂糖、肉桂碎、丁香莢放入小鍋內混合加熱煮沸，並不時攪拌約 5 分鐘，直到稍微濃稠的混合物。然後關掉熱源，使冷卻至室溫，再用杓子取出肉桂碎和丁香莢。

4 攪拌雞蛋、蛋黃、咖啡的混合物,和甜酒,逐漸加入牛奶和奶油,直到柔軟。

5 將混合物倒入焦糖內襯的模子。模子放置在 1 英吋高熱水的烤盤上,在中溫箱烤 25 分鐘。

6 小心從熱水中取出模子並讓它們冷卻到室溫,食用前放入冰箱冷藏數小時。

4. Coffee Sauce 咖啡醬

- 100 公克砂糖
- 1 2/3 杯濃縮咖啡，放至室溫
- 20 公克玉米粉
- 30 公克無鹽奶油
- 1/3 茶匙鹽

步驟：

1. 用煮鍋，慢慢融化砂糖，經常攪拌，直到糖轉變為琥珀色，約 5 分鐘，然後慢慢加入 1 1/3 濃縮杯咖啡，不斷攪拌，備用。

2. 在一個小碗裡混合玉米粉和剩下的 1/3 杯濃縮咖啡攪拌到滑順。倒入熱咖啡和糖的混合物 (1 項)。繼續用低溫烹調和攪拌，直到醬汁黏稠，約 8 至 10 分鐘。移除熱源加入無鹽奶油和鹽一起攪拌均勻，待醬汁冷卻後再淋在冰淇淋上。

(圖片取自 The Complete Coffee Book 一書)

索引

Cinnamon Roast (肉桂色烘焙)　202
City Roast (都會烘焙或中深度烘焙)　202
French Roast (法式烘焙或南義烘焙)　202
Full City Roast (全都會烘焙或深度烘焙)　202
Italian Roast (義式烘焙或 Espresso Roast)　202
Light Roast (極淺烘焙)　202
Medium Roast (中度烘焙)　202
New crop (新豆)　111
Old crop (老豆)　111
Past crop (舊豆)　111
SHG (Strictly Hard Grown)　48
人工手摘法 (hand pick)　40
三丙黃嘌呤 ($C_8H_{10}N_4O_2$)　191
中央線 (Center Cut)　20
中度研磨 (Medium grind)　140
中度烘焙 (Medium Roast, Regular Roast)　104
中深度烘焙 (City Roast, American Roast)　105
介殼蟲 (Scale Insect)　34
內果皮 (Parchment)　18, 41, 42, 43
公平貿易 (Fair Trade)　189
日曬法 (Sun Dry)　40
水洗法 (Washing 或 Wet Processing)　40
水解作用 (Hydorlytic)　78
牙買加藍山 (Blue Mountain)　48
功率 (Wattage)　139
半水洗法 (Semi-Wash)　40
卡杜拉種 (Caturra)　12
卡帝莫種 (Catimor)　12
卡洛西 (Kalosi)　59
可娜 (Kona)　48, 54
可班 (Coban)　56
平面式的鋸齒刀 (Flat Burrs)　139
平衡 (Balance)　180
生豆 (Green Bean)　2, 41
伊比立克壺 (Ibrik)　120
全都會烘焙 (Full City Roast)　153
衣索比亞 (Ethopia)　5
即溶咖啡 (Instant Coffee)　190
均一性 (uniformity)　158
辛烈 (Tangy)　201
乳脂 (Creama)　143
亞美尼亞 (Armenia)　58
咖啡木蠹蛾 (Coffee Borer)　32
咖啡果小蠹 (Coffee Berry Borer)　32
咖啡帶 (Coffee Belt)　2, 14
咖啡櫻桃 (Coffee Cherry)　13
奇特味 (Exotic)　201
東方果實蠅 (Oriental Fruit Fly)　35
果實 (Coffee Cherry)　25
果膠 (Mucilage)　44
法式烘焙 (French Roast, New Orleans Roast)　108
法式濾壓壺 (French Press)　127
波旁 (Bourbon)　7, 11
泥味 (Earthy)　201
牧羊童 (Kaldi)　3
芳香 (aroma)　158
阿拉比卡豆 (Arabica)　12, 19
阿拉比卡種 (Arabica)　7
城市烘焙 (City Roast)　153
活塞 (piston)　133
炭疽病 (Coffee Berry Disease)　29
美式電動咖啡壺 (Electric Percolator)　132
美國精品咖啡協會 (SCAA)　68, 202
苦味 (Bitter)　200
虹吸 (Syphon)　117
虹吸式 (Syphon)　138
虹吸式或真空壺 (Vacuum Syphon)　129

風味 (Flavor)　156, 157, 200
香味 (fragrance / aroma)　157
香氣 (Aroma)　200
香氣 (fragrance)　158
師傅 (Barista)　182
拿坡里濾壺 (Neapolitan)　121
浸透過濾 (Percolation)　117
特黑烘焙 (Dark French Roast)　109
留尼旺 (Reunion)　7
粉介殼蟲 (Coffee Mealybug)　34
粉狀即溶咖啡 (Powder Instant Coffee)　190
缺點 (defect)　158
茜草科 (Rubiaceae)　2
酒味 (Winy)　201
馬尼桑雷斯 (Manizales)　58
乾燥式 (Sun Dry)　57
國精品咖啡協會 (SCAA)　55
國際咖啡協會 (ICO)　55
曼特寧咖啡 (Mandheling)　59
深度烘焙 (Full City Roast, Dutch Roast)　105
淺烘焙 (Cinnamon Roast)　104
清淡 (Bland)　201
甜度 (Sweet)　200
甜度 (sweetness)　158
第一爆 (Crack)　90
粗研磨 (Coarse grind)　140
細研磨 (Find grind)　140
軟硬度 (Water Hardness)　142
透明性 (clean cup)　158
麥德林 (Medellin)　58
單向排氣閥 (Degassing Valve)　82
惰氣 (Inert Gas)　81
提神醒腦 (pick-me-up)　116
最終評分 (Final Score)　159
發酵 (Fermentation)　42
硬豆 (Hard Bean)　56
圓豆 (Peaberry)　17, 61

損益平衡 (Break even point)　181
搓枝法 (stripping)　40
搖樹法 (vibrator)　40
極淺烘焙 (Light Roast)　104
極細研磨 (Espresso grind)　140
極硬豆 (Strictly Hard Bean, SHB)　56
義式烘焙 (Italian Roast, Espresso Roast)　106
義式濃縮咖啡機 (Espresso)　133
聖多斯 (Santos)　57
葉銹病 (Leaf Rust)　28
滴泡 (Drip)　117
綠介殼蟲 (Green Coffee Scale)　34
蒙多諾種 (Mundo Novo)　12
酸味 (acidity)　158
酸味 (Sour)　200
酸度 (Acidity)　200
銀皮 (Silver Skin)　18
摩卡哈拉 (Harrar)　60
摩卡馬塔里 (Mattari)　60
摩卡壺 (Moka)　122
熟豆 (Roast Bean)　2
調和 (balance)　157
醇度 (Body)　157, 200
餘韻 (after taste)　157
整體性 (overall)　158
機器採收 (harvester machine)　39
濃烈 (Strong)　201
濃縮咖啡 (Espresso)　139, 196, 204
鋸齒式磨豆機 (Burr Mill)　138
錐形鋸齒刀 (Conical Burrs)　139
薇薇特南果 (Huehuetenango)　56
螺旋槳式磨豆機 (Cutting Mill)　138
顆粒狀即溶咖啡 (Grain Instant Coffee)　190
濾紙滴泡式 (Mellita)　124
羅布斯塔豆 (Robusta)　12, 19
羅布斯塔咖啡 (Robusta Coffee)　59
鐵畢卡 (Typica)　7, 11, 12